21世纪
土建类设计专业精品教材
（建筑设计基础系列）

Introduction to Architectural Design

建筑设计入门

岳 华 马怡红 编著

上海交通大学 出版社
SHANGHAI JIAO TONG UNIVERSITY PRESS

内容提要

本书为土建类建筑学专业"建筑设计入门"课程教材。内容框架设置主要依据建筑设计过程的逻辑顺序,由浅入深、层层递进,主要包括了建筑设计基础知识、场地分析与总体布局、空间的功能与形式、小建筑设计等四大板块。通过本书的学习,力求使读者在了解建筑设计相关知识的基础之上,熟悉建筑方案设计的全过程,初步掌握建筑方案设计的基本方法以及简单的表达技巧,并具备一定的对建筑作品鉴赏与评价的能力。

本书可供建筑类专业学生使用,也可供建筑施工人员参考。

图书在版编目(CIP)数据

建筑设计入门/岳华,马怡红 编著. —上海:上海交通大学出版社,2014(2024 重印)

ISBN 978 - 7 - 313 - 10946 - 0

Ⅰ.①建… Ⅱ.①岳…②马… Ⅲ.①建筑设计-高等学校-教材 Ⅳ.①TU2

中国版本图书馆 CIP 数据核字(2014)第 051503 号

建筑设计入门

编　著:岳　华　马怡红

出版发行:上海交通大学出版社　　　　　　地　　址:上海市番禺路 951 号

邮政编码:200030　　　　　　　　　　　　电　　话:021 - 64071208

印　制:上海锦佳印刷有限公司　　　　　　经　　销:全国新华书店

开　本:787mm×1092mm　1/16　　　　　　印　　张:10.25

字　数:229 千字

版　次:2014 年 9 月第 1 版　　　　　　　　印　　次:2024 年 8 月第 7 次印刷

书　号:ISBN 978 - 7 - 313 - 10946 - 0

定　价:68.00 元

序

"建筑设计入门"似乎是简单踏入建筑设计门槛的"第一门",但它却不仅是让充满理想、带入追求专业知识的学子入门启蒙、入门指引,而且是向想象力、实践力迈开的第一步,是难能可贵的起始,是掌握专业理论和设计技巧、夯实基础的重要一课。

编著《建筑设计入门》,从课程教育框架到全书内容充分体现了作者对培养学生的基础知识、实践感悟的重视,对设计功能与形式的辩证关系点拨清晰,围绕设计入门的基本要领、设计方案的全过程和有关案例的收集、推荐、解读,都由浅入深加以兴趣化的引领,并在现代建筑语境中表达建筑艺术的语言魅力,令人耳目一新。

编著者还特意涵盖了建筑学的广义性和综合性,建筑师角色的特定职责、素养需求,对审美情趣和抽象思维的培养。把对社会、人和自然的大爱作为建筑师的己任和美的出发点,都一一作了入门引导,细节之处还给予了精化。相信这种教学相长的课程实践一定会获得成功!

邢同和

2023 年 4 月

目　　录

智慧职教平台
课程数字化资源

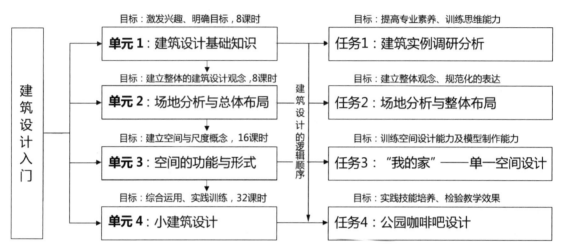

图 0-1 《建筑设计入门》课程教学框架示意图

第1单元 建筑设计基础知识

智慧职教平台
课程数字化资源

1.1 建　　筑

1.1.1 起源

　　建筑是人类文明的成果之一。最早的建筑产生于人类躲避恶劣气候环境以及防御野兽的需要。原始人为了生存用泥土、石块、树枝等建造庇护所的行为可以看成是最早的建筑活动(见图1-1-1)。随着人类社会的不断发展,逐渐产生了国家和阶级,人类社会的活动也变得日益复杂和丰富,逐渐出现了宗教、祭祀、殡葬以及其他社会公共活动,随之也产生了各

(a)

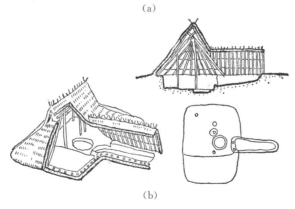

(b)

图1-1-1 原始人的庇护所

(a)美洲印第安人的树枝棚;(b)西安半坡村遗址

种类型的建筑,如中国古代的宫殿、寺庙、陵墓,西方古代的城市广场、神庙、剧场、浴场等,建筑的类型开始逐渐分化,并日益丰富多样(见图1-1-2)。

(a)

(b)

(c)

(d)

(e)

(f)

图1-1-2 古代的中西方建筑

(a) 古埃及金字塔;(b) 希腊雅典帕提农神庙;(c) 印度泰姬陵;
(d) 古罗马斗兽场;(e) 北京天坛祈年殿;(f) 北京故宫太和殿

1.1.2 定义

建筑,从词性上,有动词和名词之分。如将其视作动词,建筑是营造供人们进行生产、生活或其他活动的人工环境、空间、房屋或场所的活动;如将其视作名词,建筑则是建筑物或构筑物的总称,除了房屋建筑,还包括了各类土木工程,如桥梁、道路、隧道、大坝等。

　　建筑,从概念上,有狭义和广义之分。狭义上,可以将建筑理解为是帮助人们抵御恶劣气候环境并提供内部空间的遮蔽物;广义上,可以将建筑理解为特定时代的意识形态、社会制度、地域文化、艺术形式、经济水平、技术水平等的一种物质载体。

1.1.3　特性

　　建筑的目的在于为人类社会各种类型的活动提供相应的空间环境。人们对建筑既有功能要求,也有审美需求。可以说人们不仅要求建筑具有实际的使用功能,也希望建筑能尽可能的美观。建筑与艺术密切关联,但它并非纯粹的艺术,它还承载着具体的使用功能,具有很强的实用性。建筑的发展受到艺术发展的影响,也同时受到时代、社会、城市、艺术与科技发展的影响。

　　1) 建筑与时代

　　建筑是特定时代的意识形态、政治体制、社会制度、经济制度、科技水平、生活方式、文化特质、自然条件等的物质载体。因此,古今中外的建筑风格迥异、各有特点,如图 1-1-3 所示。

(a)

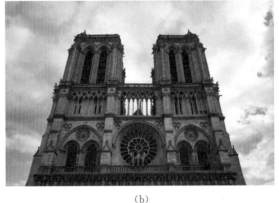

(b)

(c)

(d)

(e)

(f)

图 1-1-3　风格各异的西方建筑

(a) 罗马万神庙(古罗马建筑)；(b) 巴黎圣母院(哥特式建筑)；(c) 圣巴西尔大教堂(拜占庭建筑)；
(d) 圣卡罗教堂(巴洛克建筑)；(e) 凡尔赛宫(古典主义建筑)；(f) 威尼斯圣马可广场(文艺复兴建筑)

2）建筑与社会

建筑与社会生产方式、思想意识形态以及地区的自然条件有关。社会生产方式的变化推动建筑不断发展，社会意识形态及民族文化特征等对建筑发展也有着深刻影响。受古代中国的儒家等级思想的影响，对建筑的材料、色彩、做法等方面都做了严格的规定，将建筑也纳入了社会的等级秩序之中。图 1-1-4 为金碧辉煌的故宫建筑群与普通的四合院民居。此外，不同地区的自然条件也极大地影响着建筑的形成和发展，图 1-1-5 为世界各地风格迥异的乡土建筑。

(a)

(b)

图 1-1-4　北京故宫建筑群和四合院民居

(a) 金碧辉煌的故宫建筑群；(b) 北京四合院民居

3）建筑与城市

城市是人类的聚居地，它是一个综合环境，一个空间载体。城市空间承载着人们的日常行为与活动。建筑是城市空间环境的重要组成部分，城市的发展深刻地影响着建筑的形成与发展。因此，对于建筑的理解与探究不能脱离城市这一大的背景。图 1-1-6 为全球四座城市不同的肌理与风貌。

图 1-1-5　世界各地的乡土建筑

（a）马来西亚传统建筑；（b）美洲印第安人建筑；（c）中国江南水乡民居；（d）非洲马里乡土建筑

(c)

(d)

图 1-1-6 不同的城市肌理与风貌

(a) 丹麦哥本哈根；(b) 法国斯特拉斯堡；(c) 美国纽约；(d) 中国上海

4）建筑与艺术

建筑作为广义上的一种视觉艺术形式，各个时期的艺术思潮往往极大地影响着建筑的发展。例如伴随着当代种种艺术思潮而出现的后现代主义建筑、极少主义建筑等。当今多元化的艺术思潮正引领着当代建筑步入了一个多元化的发展阶段。图1-1-7为世界不同艺术潮流中的建筑。

(a)

(b)

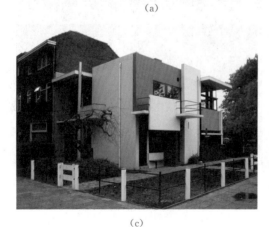

(c)

(d)

（e）　　　　　　　　　　　　　　　（f）

图1-1-7　艺术潮流中的建筑

（a）巴塞罗那米拉公寓；（b）爱因斯坦天文台；（c）施罗德住宅；
（d）朗香教堂；（e）布拉格会跳舞的房子；（f）洛杉矶盖蒂中心

5）建筑与科技

科学技术是推动社会进步和城市发展的根本动力。新技术的发明与运用产生了新的生活方式、思维方式与价值观念。科技的发展深刻影响着建筑的发展，主要体现在建筑结构、建筑材料、建筑构造、建筑施工、新型空间概念等多个方面。图1-1-8为随着当代科技进步而出现的新建筑。

（a）　　　　　　　　　　　　　　　（b）

图1-1-8　造型各异的当代建筑

（a）巴黎蓬皮杜艺术中心；（b）谢菲尔德音乐厅

1.1.4　要素

我们把"功能"、"技术"、"美观"视为建筑的三要素（见图1-1-9）。"功能"是人们建造房屋的主要目的，是建筑物的实际用途和使用要求，是建筑设计必须要考虑的重要因素。满足基本的功能要求已经成为评判一个建筑作品的前提和基础。"技术"是指建造建筑物的手段，主要包括建筑材料、建筑结构、建筑物理、建筑构造、建筑设备、建筑施工等各项技术因素。"美观"则是人们对建筑的审美需求，即建筑群体和建筑单体的造型与风格、内部空间与外部环境、细部与材料、光影效果等所形成的综合艺术效果能够满足人们审美的精神需求。

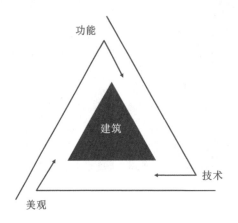

图 1-1-9　建筑三要素

1.1.5　类型

随着人类社会的发展,人们的社会生活日益复杂,活动类型也越来越丰富多样,这使得建筑物的功能也日益多样化,类型越来越丰富。对建筑类型的划分有着多种不同的标准。通常,我们按照建筑物不同的使用功能与性质将其分为工业建筑、农业建筑和民用建筑三大类型。如表 1-1-1 所示。

表 1-1-1　按照使用性质划分的建筑类型

建筑类型		内　　容
工业建筑		电力工业建筑、冶金工业建筑、机械工业建筑、精密机械工业建筑、化学工业建筑、建材工业建筑、纺织工业建筑、造纸和印刷工业建筑、食品工业建筑等
农业建筑		饲养场、粮仓、农机站、粮食和饲料加工站等
民用建筑	居住建筑	宿舍、公寓、住宅、别墅等
	公共建筑	教育建筑、办公建筑、商业建筑、文娱建筑、科技建筑、博览建筑、医疗建筑、体育建筑、观演建筑、交通建筑、电讯建筑、旅馆建筑、纪念建筑、宗教建筑、综合建筑等

1.2　建筑设计

1.2.1　定义

"设计",英文为"design",意为在为了达成某个目的的前提之下,根据限制条件,制定某种实现目的的方法,以及确定最终结果的形象,如图 1-2-1、图 1-2-2 所示。

確定目標 → 分析條件 → 製定方法 → 創造實施 → 獲得結果

图 1-2-1　设计过程示意

(a)　　　　　　　　　　　　　　　　　　(b)

图 1-2-2　多元化的设计成果

(a) 时尚的帽子；(b) 造型独特的灯具

　　建筑非纯艺术品，具有极强的实用性，建筑不仅要被人观看欣赏，也要满足特定的使用功能。建筑设计既具有理性而严密的工程技术的特点，同时又具有感性的艺术创造活动的特质。建筑设计同时具有功能目标、技术目标和美学目标。建筑设计是整个建筑工程设计工作的先行，处于整个建筑工程设计的主导地位，如图 1-2-3 所示。

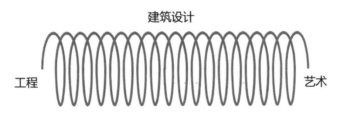

建筑设计是连接起工程和艺术的桥梁

图 1-2-3　建筑设计的作用

　　建筑设计是一种创造性活动，指为了满足建筑物的使用功能和艺术要求，在城市规划的指导之下，根据建设任务要求、工程技术条件与经济条件，在建筑物建造之前对建筑物的功能、空间、细部、造型和施工等做出全面筹划和设想，并以图纸和模型等形式表达出来的完整过程。

　　广义上，建筑设计包括了所有形成建筑物的相关设计，主要有建筑方案设计、建筑初步设计、建筑施工图设计、建筑结构设计、建筑物理设计(声学设计、光学设计、热学设计)、建筑设备设计(给排水设计、供暖、通风、空调设计)、建筑电气设计等。狭义上，建筑设计专指建筑方案设计、建筑初步设计、建筑施工图设计。

1.2.2　特征

　　1) 建筑设计是一种以技术为支撑的创意活动——创造性

　　建筑具有实用功能，需要通过一定的技术手段来实现，同时，它也是人们日常生活中大量的视觉艺术形式的一种。作为设计活动的一种,建筑设计源于生活,创造性是建筑设计活动的主要特点,艺术和审美的表达无疑是其核心内容,甚至可以说在某种程度上超越了功能和技术的控制。

2)建筑设计是一门综合性学科——综合性

建筑设计活动涉及多学科的知识内容,是多学科知识的综合运用。建筑师既要具有美学、艺术、文化、哲学、心理等人文修养,同时也要掌握建筑材料与构造、建筑经济、建筑设备、建筑物理等技术知识,了解行业法规,同时应具有一定的统筹能力,能组织与协调各专业人员高效工作。建筑师不仅是建筑作品的主要创作者,更是建筑设计活动中的组织者和协调者。

3)建筑设计是追求协调与平衡的社会性活动——社会性

建筑师的创作活动不能脱离他自身的生活背景、价值取向、审美喜好、思想意识等因素的影响,同时,业主的个性爱好也会影响建筑设计活动。因此,建筑设计活动是社会性的活动,建筑师必须平衡和协调各方面矛盾,寻求社会效益、经济效益、环境效益、个性创造的平衡点,尽力满足多元化社会的多种需求,尊重文化、尊重环境、关怀人性。

4)建筑设计是典型的团队协作活动——协作性

当代城市建筑建设规模越来越大,综合性增强,功能日益复合多元。随着当代科学技术的迅速发展,分工细化,建筑设计日益成为一种典型的团队协作活动,建筑师在建筑设计活动中必须依靠与其他专业工程师的密切配合才能顺利地完成设计工作。

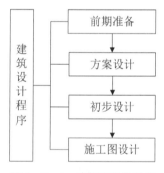

图 1-2-4 建筑设计的程序

1.2.3 程序

建筑设计程序是指在建筑设计活动中从最初的设计概念向设计目标逐渐发展的过程。中国现行的建筑设计程序大致分为四个阶段,即前期准备、方案设计、初步设计和施工图设计,如图1-2-4所示。

1)前期准备

前期准备主要包括研究设计依据,收集原始资料,现场踏勘及调查研究。前期准备主要的工作成果包括7个方面:①可行性研究报告;②规划局核定的用地位置、界限、核发的《建设用地规划许可证》;③有关政策、法令、规范、标准;④气象资料、地质条件、地理环境;⑤市政设施供应情况;⑥建设单位的使用要求及所提供的设计要求;⑦设计合同。

2)方案设计

建筑方案设计是建筑设计程序中的关键环节,在这一环节中,建筑师的设计思想和意图将被确立并形象化。方案设计对建筑设计过程所起的作用是开创性的和指导性的。方案设计的内容主要包括设计文件和建设项目投资估算。

3)初步设计

建筑初步设计主要包括设计文件和建设项目设计概算。建筑初步设计文件应当满足编制施工招标文件、主要设备材料订货和编制建筑施工图设计文件的需要。

4）施工图设计

建筑施工图设计主要包括设计文件和施工图预算两个部分的内容。建筑施工图设计文件应当满足设备材料采购、非标准设备制作和施工的需要，并注明建设工程的合理使用年限。

1.3　当代建筑设计流派与趋势

1.3.1　当代建筑设计流派综述

建筑作为文化形式的一种，其发展的历史是建筑师不断探索与创新的过程。其中，纷繁的建筑流派显示出了建筑本身的复杂性和生命力，而建筑发展的历史脉络也正隐含在各种流派的兴衰起伏之中。从早期现代主义运动到现代主义的蓬勃发展，直到晚期现代主义、后现代主义、解构主义等。这些流派的出现与兴衰正是代表了当代社会发展中各种思想与理念的碰撞。

1）现代主义建筑

20 世纪 30 年代伴随着现代工业文明的发展，出现了注重功能、追求理性的现代主义建筑思潮。现代主义建筑强调工业时代的价值观，主张建筑应体现工业时代的特点，重视建筑的经济性和实用功能，重视新材料和新结构的运用，摒弃传统建筑风格样式的束缚。现代主义建筑的四位代表人物分别是：瓦尔特·格罗皮乌斯、勒·柯布西耶、密斯·凡·德·罗和弗兰克·劳埃德·赖特，其代表作品和主要设计思想如图 1-3-1 所示。

代表人物	主 要 作 品	主要设计思想
瓦尔特·格罗皮乌斯	 （a）德骚包豪斯校舍	"新建筑学和包豪斯"
勒·柯布西耶	（b）萨伏耶别墅	"新建筑五点"

密斯·凡·德·罗	（c）范斯沃斯住宅	"少就是多"
弗兰克·劳埃德·赖特	（d）流水别墅 （e）罗比住宅	"有机建筑"、"草原式住宅"

图 1-3-1　现代主义建筑大师的代表作品和思想

2）晚期现代主义与后现代主义

（1）晚期现代主义建筑。

晚期现代主义建筑继承了现代主义建筑的理论和风格，但在形式上进行了创造和改良，向历史、文化、乡土、技术等方面寻求灵感与突破。晚期现代主义建筑强调建筑的逻辑性与理性，重视技术因素的运用，重视隐喻与象征手法的运用以赋予建筑文化与情感，代表作品如图 1-3-2 所示。

(a)

(b)

(c)

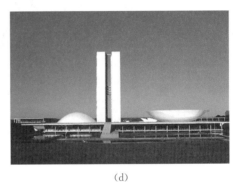

(d)

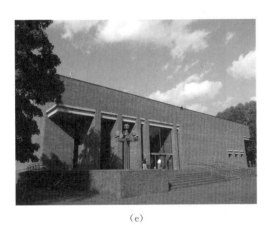

(e)

(f)

图1-3-2　晚期现代主义建筑

(a) 悉尼歌剧院(伍重)；(b) 波士顿市政厅(卡尔曼·米基奈和诺尔斯)；
(c) 印度昌迪加尔行政中心(勒·柯布西耶)；(d) 巴西利亚行政中心(尼·迈耶)；
(e) 哥伦布镇图书馆(贝聿铭)；(f) 伦敦劳埃德保险公司大楼(理查德·罗杰斯)

（2）后现代主义建筑。

20世纪60年代在西方出现的后现代主义建筑是以反对和修正现代主义建筑的纯粹性、功能性和无装饰性为目的，以历史的折中主义、戏谑性的符号主义和大众化的装饰风格为主要特征的建筑思潮。后现代主义建筑的出现表现出建筑师对现代主义建筑思想的质疑，以及对建筑人文价值的反思。后现代主义建筑以它绚丽的色彩、折中而混杂的装饰、历史语言的拼贴方式来试图改变现代主义建筑清教徒式的面孔。后现代主义建筑师的代表人物有罗伯特·文丘里、阿尔多·罗西、麦克·格雷夫斯等，其代表作如图1-3-3所示。

(a)

(b)

(c)

(d)

图1-3-3　后现代主义建筑的代表

（a）母亲住宅（罗伯特·文丘里）；（b）丹佛公共图书馆（麦克·格雷夫斯）；
（c）波特兰市政厅（麦克·格雷夫斯）；（d）纽约AT&T大厦（菲利普·约翰逊）

3）解构主义建筑

解构的目的是否定结构的永恒性，强调结构的建构性。解构主义建筑打破了传统的强调整体性的秩序观念，强调变化、推理与随机的统一，运用分解、重组、离散、断裂等非常规的建筑创作手法来质疑传统的理性的建筑形式、空间与秩序。解构主义建筑及代表建筑师主要有伯纳德·屈米（Bernard Tschumi），彼得·埃森曼（Peter Eisenman），弗兰克·盖里（Frank Gehry），丹尼尔·里伯斯金（Daniel Liberskind），扎哈·哈迪德（Zaha Hadid）等，代表作如图 1-3-4 所示。

（a）

（b）

（c）

（d）

(e)   (f)

图 1-3-4 解构主义建筑

(a) 盖里自宅(弗兰克·盖里);(b) 维克斯纳视觉艺术中心(彼得·埃森曼);
(c) 西雅图图书馆(雷姆·库哈斯);(d) 柏林犹太人博物馆(丹尼尔·里伯斯金);
(e) 维特拉家居博物馆(赫尔佐格+德梅隆);(f) 洛杉矶迪斯尼音乐厅(弗兰克·盖里)

4) 其他建筑设计流派

  除了以上几种建筑设计流派之外,当代比较主流和具有一定影响力的建筑设计流派还有许多,诸如倡导地域性与传统文化的新地方主义建筑,汲取传统建筑语言并进行自由创新的新古典主义建筑,倡导类型学思想的新理性主义建筑以及以现代主义建筑为基础不断进行革新的新现代主义建筑等。众多建筑设计流派的出现代表着当代社会的思想与理念的多元化局面逐渐形成,如图 1-3-5 所示。

(a)   (b)

(c)   (d)

图1-3-5 其他建筑设计流派作品

(a) 北京香山饭店(贝聿铭);(b) 美国新德里大使馆(爱德华·斯东);
(c) 纽约世贸中心(雅马萨奇);(d) 加拉拉特西公寓(阿尔多·罗西)

1.3.2 当今建筑设计趋势探讨

对于人类命运的共同关注是当代东西方文化的共同趋向。随着当今全球化的趋势,建筑创作并没有出现何种绝对的主流,而是呈现出了多元化的发展格局,各种新颖的设计理念与设计思潮层出不穷。其中,人性化与高情感、大型化与综合化、信息化与智能化、生态与可持续发展、民族性与地域性是当今建筑设计比较主流的趋势。

1) 人性化与高情感

当代社会,人们不再满足于物质丰富的要求,而迫切表现出对技术密集生活领域的回避和对健康舒适的生活环境的追求。人性化设计理念力图实现人与建筑的和谐共存,强调建筑对人类生理层次的关怀——让人具有舒适感,也强调建筑对人类心理层次的关怀——让人具有亲切感。"以人为本"实际上就是通过最大限度地迁就人的行为方式,体谅人的情感,实现人类对自身"终极关怀"的追求。人性化理念贯穿于建筑设计过程以及使用过程之中,包括建筑外部空间环境的舒适性和愉悦性,建筑内部空间的高效性与开放性以及在空间设计中表达出对特殊群体(如行动不便者、老人、母婴等)的人性化关怀。图1-3-6为建筑中的人性化设施。

(a)

(b)

(c)

(d)

图 1-3-6　建筑中的人性化设计细节

（a）建筑入口坡道；（b）饮水设施；（c）母婴室；（d）无障碍卫生间

2）大型化与综合化

城市是一个复杂的系统，其功能具有不断增长的复杂性。城市中单一功能的外部空间已不多见，大多数城市广场与街道空间均具有功能的复合性。仅从建筑功能上来看，当前的趋势是向多元复合功能方向发展，即将原来分散的建筑功能集中于一个屋顶之下的混合型建筑，这种集中和相互渗透的过程正在大规模地进行，出现了越来越多的大型、巨型城市综合体建筑，如图 1-3-7 所示。

3）信息化与智能化

伴随着新技术的发明与运用，人类产生了新的生活方式、思维方式与价值观念。网络技术的普及和现代通讯技术的成熟以及由此形成的数码革命以共时、同步、永久、无形、即时和全球化为基础，人们的交往、交易和工作都可以在无所不在却又无影无形的网络上进行。人们通过网络所看见和体验的不仅是对现实的反映或模拟，而是一种全新的、独特的、无形的现实。智能化与信息化完全改变了传统的工作模式，科技发展促使建筑与信息技术的结合成为必然趋势，基于网络技术与信息技术的智能化建筑的兴起已成为潮流所在，如图 1-3-8 所示。

(a)   (b)

图 1 - 3 - 7   巨型城市综合体

(a) 新加坡大型城市综合体；(b) 北京当代 MOMA

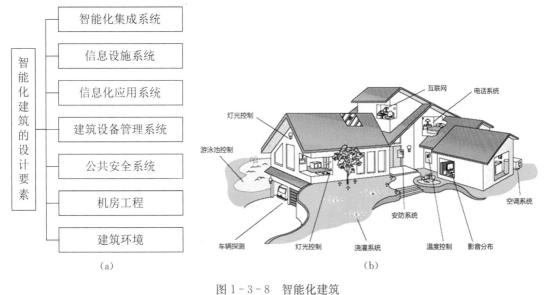

(a)   (b)

图 1 - 3 - 8   智能化建筑

(a) 智能化建筑设计要素；(b) 智能家居系统

4）生态与可持续发展

针对工业文明带来的全球环境污染、能源短缺、生态失衡等现实问题的反思与应对，生态与可持续发展理念已成为当代城市与建筑发展的潮流。生态化设计趋向源于对环境的关注和资源的高效利用，具体表现为对自然的索取要少，对自然环境的负面影响要小。尽量采用无公害、无污染、可再生的建筑材料；进行能量循环途径的技术和措施的研究，充分利用太阳能、风能等可再生能源，反对非再生能源的滥用；注重自然通风、自然采光与遮阳；为改善小气候采用多种绿化手段；为增强空间适应性采用大跨度轻型结构；水资源的循环利用；垃圾分类处理及充分利用建筑废弃物等，这一类的建筑物代表如图 1 - 3 - 9 所示。

(a)

(b)

(c)

(d)

图 1-3-9 世界著名的生态建筑

(a) 德国法兰克福商业银行；(b) 马来西亚米那亚大厦；
(c) 德国德骚环保署办公楼；(d) 英国大伦敦市政厅

5）民族性与地域性

"在我们的生活世界中，通过电子传媒，事件在全球变得无所不在，不是同时发生的事件也具有了共时性效果。与此同时，差异消失、结构解体等，都对社会的自我感觉造成了重大后果。疆域的拓展是与具体角色的多样化、生活方式的多元化以及生活设计的个人化同步进行的。丧失根基的同时，也出现了自我群体属性和出生的建构；与平等同时出现的是面对无法透视的复杂制度时权力的空缺。"①在全球化背景下,各国文化趋同现象严重。民族文化和地方特色正逐渐被全球化浪潮吞噬,这导致了各国人民的地域意识复苏,人们更加强烈地意识到了保护地域文化多样性的重要与迫切。创造具有地方特色的城市和建筑,有助于让市民获得城市的归属感和荣誉感,如图 1-3-10 所示。

（a）

（b）

图 1-3-10　具有地域特征的当代建筑

（a）印度博帕尔邦议会（查尔斯·柯里亚）；（b）宁波博物馆（王澍）

1.4　建筑师的角色思考

古罗马建筑师维特鲁威在《建筑十书》中花了大量篇幅来阐述建筑师的培养,他认为"建筑

---

① （德）哈贝马斯.公共领域的结构转型[M].曹卫东,王晓珏,等,译.上海:学林出版社,2004.

师如果不顾学问只致力于娴熟技巧,虽竭尽辛劳,还是不能得到威望的。而偏重于理论和学问的人们似乎也是追求幻影而不是现实。与此相反,只有精通这两方面的人们,才好似全副武装的人员,能迅速地获得威望并达到目的。"①他还提出了建筑师的教育方法和修养要求,强调建筑师不仅要重视才,更要重视德,这些论点为后世的建筑师们规定了准绳,树立了楷模。

图1-4-1 漫画建筑师

首先,建筑师应该热爱生活、理解生活、理解人性,具有丰富的情感。因为建筑的目的是为人所用,建筑空间与人们的日常生活密切相关。建筑师需要充分理解人们在建筑空间中的行为活动规律、心理特点、情感需求等才能设计出适宜的建筑空间,建筑师需要对生活充满热情才能保持其饱满的创作激情。如图1-4-1所示。

其次,建筑师应具有一定的专业知识和广泛的知识修养。"建筑师既要有天赋的才能,还要有钻研学问的本领。因为没有学问的才能或者没有才能的学问都不可能造就出完美的技术人员。因此建筑师应该擅长文笔,熟悉制图,精通几何学,深悉各种历史与哲学,理解音乐,对于医学并非茫然无知,通晓法律学家的论述,具有天文学或天体理论的知识。"②因为建筑学是一门综合性学科,学科自身在不断发展革新,与此同时,相关学科的研究成果层出不穷,如城市规划、城市设计、建筑材料、建筑结构、构造技术以及社会学、艺术设计等领域。可见,建筑师的知识修养需要不断拓展与更新。如图1-4-2所示。

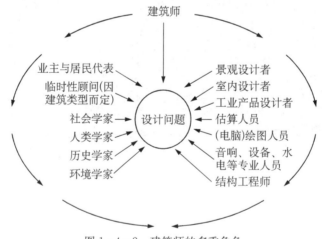

图1-4-2 建筑师的多重角色

最后,建筑师还应具有社会责任感,关注社会宏观问题。在人类社会发展进程中,城市空间必然要随之发生内容和形式的变化。空间与社会彼此关联,空间本身也许不能解决社会问题,但可以对社会问题的解决产生积极的影响;空间本身也许无法表达清晰的意识形

① (古罗马)维特鲁威.建筑十书[M].高履泰,译.北京:知识产权出版社,2001.
② (古罗马)维特鲁威.建筑十书[M].高履泰,译.北京:知识产权出版社,2001.

态,但意识形态可以通过空间表象传达出来。当代中国社会正处于急剧的社会转型期,"从传统型社会向现代型社会转型;从计划经济体制占主导地位的社会向市场经济占主导地位的社会转型;从农业社会向工业社会转型;从封闭、半封闭社会向开放社会转型;从伦理型社会向法制型社会转型;从同质的单一性社会向异质的多样性社会转型等。"①总体而言,中国社会发展方向是以创建新型民主、开放、公平、和谐的社会为目标,这也表明了当代城市空间变迁的方向。建筑师作为建筑空间的创造者,虽然其话语权有限,但建筑作品在一定程度上能够体现出建筑师个体的价值观。建筑师应跳出以往纯物质形态的思维模式,加强对社会宏观问题的关注与思考,从空间角度深入思考社会的公平与正义,并找出其中的关联点,在空间层面上自觉维护社会公平与正义,在实践中表达出正确的价值观,关注国家的社会、政治、经济、文化的发展,进而积极探索以空间方式解决社会问题的途径。

思考题

1. 什么是建筑?
2. 什么是建筑设计?
3. 建筑设计的特征有哪些?
4. 建筑的三个要素是什么?
5. 按照建筑的使用功能和性质可将其分为哪几个类型?
6. 中国目前的建筑设计程序主要包括哪几个阶段?
7. 未来建筑设计的趋势和潮流主要有哪些?
8. 试讨论当代建筑师应该具备哪些知识和修养。

---

① 贺善侃. 当代中国转型期社会形态研究[M].上海:学林出版社.2003.

作业指示书

作业一:建筑实例分析

一、作业内容

选择你认为具有特点的建筑实例,类型与规模不限,例如博物馆、图书馆、商店、餐厅、咖啡厅、住宅等,也可选择建筑物的某个局部,例如大门、门厅等进行分析。所选案例应已建成投入使用,且必须亲临实地调研收集资料,采用拍照、记录、绘图的方式均可(如全部使用网络下载的图片与资料,作业成绩计为零分)。

二、作业要求

以 3—4 人小组为单位进行实地调研,收集、整理并分析调研资料。在表达时尽量运用建筑学专业语汇进行分析与说明,成果要求图文并茂。请尝试从以下五个方面对建筑实例进行综合分析:

(1)建筑的宏观环境(城市区位、交通状况、周边建筑与自然环境等)。

(2)建筑的建造与使用情况(建造年代、结构形式、建筑材料、建筑层数、当前用途等)。

(3)建筑的造型与风格(色彩、质感、细节、风格、样式等)。

(4)建筑功能与内部空间(绘制平面与立面草图,配合现场照片进行建筑空间的分析)。

(5)对建筑物进行简单评价(注重空间使用者的感受)。

三、成果形式

1)A2 图纸

图纸内容:调研照片、手绘图纸、文字分析。

图纸规格:594 mm×420 mm。

图纸签名:签名统一写在图纸右下角,排成一行,依次为班级、学号、学生姓名、指导教师、成绩 5 项,字体为 10 mm×10 mm 等线体。

2)PPT 演示文件

PPT 演示文件用于课堂交流与讨论。

四、进度安排

时间共 8 课时,2 周(4 课时/周)。

第 1 周——进行实例调研、整理与分析资料;

第 2 周——提交图纸成果、进行课堂 PPT 交流讨论。

第 2 单元　场地分析与总体布局

2.1　建筑设计宏观环境的解读

　　建筑设计是从整体到局部逐步深入的过程。建筑设计的初始阶段是一个解读设计任务,收集分析设计资料,整理设计依据,寻求设计灵感的重要环节。在这一阶段所形成的指导性的设计思路和创造性的设计构思将影响着整个建筑设计过程和最终的设计成果。因此,这一阶段的工作其重要性不言而喻。

　　建筑设计不能脱离其宏观环境,必须具有整体宏观的视角。建筑设计的宏观环境主要是指建筑与城市、单体建筑与建筑群体、建筑与周边环境的关系,具体而言是指基地特征、城市历史文脉、建筑物理要求以及建筑材料等,这些都是建筑设计伊始应予以重点考虑的因素。对于建筑师而言,进行建筑设计首先就需要从建筑设计宏观环境的分析入手,以获得建筑设计的逻辑依据与灵感,并在此基础之上进行场地的总体布局以及建筑物的设计。

2.1.1　基地特征

　　一般而言,建筑总是属于某一个地点,它依赖于特定的基地,这块基地有着自身与众不同的特征。在进行建筑设计之前,应进行详细的资料收集,尤其是关于基地特征的基础资料的收集,并在此基础之上进行整理与分析以获得充分的设计依据。基地的特征主要包括场地区位、地质地貌、现场情况、周边建筑、景观资源、历史文脉、建筑朝向、气象条件等八个方面的内容,如图 2-1-1 所示。

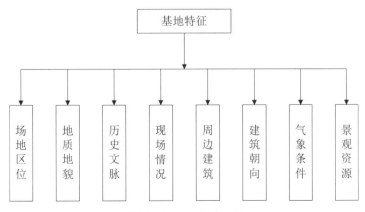

图 2-1-1　基地特征

1）场地区位

　　场地区位主要是指拟建场地在城市中的位置、交通状况、市政设施、城市规划条件等。场地区位代表着拟建地块与城市宏观环境的联系，如图2-1-2所示。

(a)

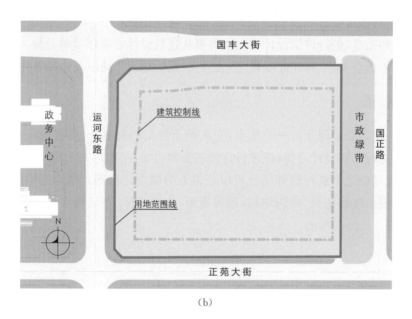

(b)

图2-1-2　某商业综合体拟建基地

(a) 区位；(b) 范围

2）地质地貌

　　地质地貌主要指场地的地质情况与地面形态，例如场地内的山体、山脊、山谷、坡度、排水设施等，是分析建筑物可建范围的重要依据。一些建筑物与地质地貌达到了完美的结合，如图2-1-3所示。

(a)

(b)

图 2-1-3　位于特殊基地的建筑物

(a) 悬崖上的修道院(希腊)；(b) 海边的别墅(意大利)

3) 现场情况

现场情况主要指场地目前的使用情况，是指场地内的现状建筑物以及与之相关的拆除、保留、改造与利用等问题。同时，也应关注场地周边建筑物的样式风格、建筑材料等特征，这些也是建筑设计重要的宏观背景。图 2-1-4 为上海某高校大学生活动中心拟建场地的现场照片。

(a)

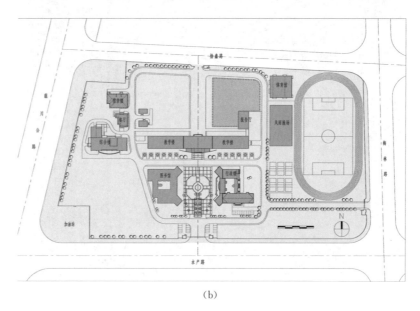

(b)

图 2-1-4　某高校学生活动中心拟建场地

(a) 现场照片；(b) 校园总图

4) 周边建筑

周边建筑主要指场地周边建筑物的风貌、高度、体量等现状情况。周边建筑的现状会对场地的日照条件、交通组织、视线设计、防噪、防火等产生影响。图 2-1-5 为英国爱丁堡街景，可看到新建筑借鉴了其两侧历史建筑的样式、比例和尺度，新老建筑共同构成了和谐的城市空间环境。

图 2-1-5　英国爱丁堡的新商业建筑

5) 景观资源

景观资源主要指场地内的植被、树木、水体等资源,是建筑空间视线设计及使用功能组织的重要依据。场地的景观资源影响着建筑物的布局和朝向以及建筑中重要房间的位置,如图 2-1-6 所示。

(a)

(b)

图2-1-6 建筑与自然景观相融

（a）水边的住宅；（b）芝贝欧艺术中心（伦佐·皮阿诺）

6）历史文脉

历史文脉主要指场地所在地块、区域及城市的历史文化元素。建筑设计应尊重、保护、延续城市的历史文化特质，在城市建成环境中努力实现新老建筑的和谐共生。图2-1-7为新老建筑和谐共生的两个典型案例。

（a）   （b）

图2-1-7 新老建筑的和谐共生

（a）巴黎卢浮宫金字塔（贝聿铭）；（b）西班牙穆尔西亚市政厅（拉菲尔·莫内欧）

7）建筑朝向

建筑朝向主要指根据场地的日照条件、主导风向（冬季主导风向与夏季主导风向）及其频率进行建筑物的布局,使其尽可能争取到良好的自然通风与采光,创建舒适自然宜人的人居环境,实现建筑生态节能的目标。图 2-1-8(a) 为广东某居住小区的总平面图,图中建筑多为南北向布局,这样的布局是为了争取最佳日照与自然通风。除了日照、通风等功能性的要求之外,朝向对于建筑而言还具有相当丰富的含义,尤其是光照,它是塑造建筑空间的重要元素。图 2-1-8(b) 为阳光照射下建筑物的光影效果。

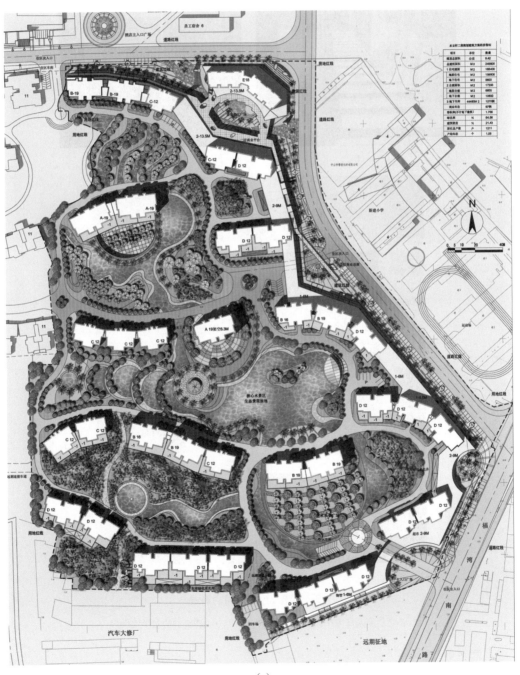

(a)

(b)

(c)

(d)

图 2-1-8　建筑朝向的影响

(a) 广东某住宅小区总平面图；(b)、(c)、(d) 建筑物的光影效果

8) 气象条件

气候条件主要指场地所在地的气温、降水量、风、云雾及日照等气象因素，它极大地影响

着建筑物的总体布局、建筑物的形体设计以及建筑材料的选择等。如图 2-1-9 所示,中国各地民居因各地气候条件的不同,其建筑风格、建筑材料、建造方法等均有很大差异。图 2-1-10 为中国部分城市夏季和全年的风向频率图。

(a)　　　　　　　　　　　　(b)

(c)　　　　　　　　　　　　(d)

(c)　　　　　　　　　　　　(f)

图 2-1-9　适应不同气候条件的各地民居
(a) 西北窑洞;(b) 徽州民居;(c) 贵州民居;(d) 四川民居;(e) 福建民居;(f) 西藏民居

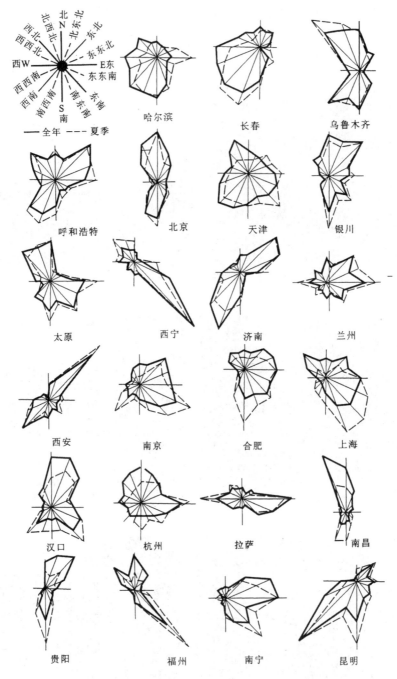

图 2-1-10　中国部分城市夏季和全年的风向频率图

2.1.2　分析内容

1) 可建范围

（1）根据城市规划的要求及相关规范，划定建筑物的可建范围（主要依据建筑红线与用地界线、道路红线、城市蓝线、黄线、绿线、紫线等的距离）。

（2）根据城市规划的要求及相关规范,分析建筑物的安全防护距离(主要指建筑物与古树名木、高压线、加油站等的防护距离,避免于洪泛地段、通信微波走廊、高压输电通廊与地下工程管道区域内建筑)。

（3）根据场地的地形地貌对场地可利用状况进行分析(主要包括场地标高、地形高差、坡度分类、坡度分析等)。

（4）根据场地周边建筑状况进行日照、通风、消防、卫生、防噪、视线等分析。

2）交通流线

（1）根据场地区位及周边交通状况进行人流分析和车流分析。

（2）根据场地区位及周边交通状况进行场地及建筑物出入口分析。

（3）根据场地区位及周边交通状况进行机动车辆及非机动车辆停车的布置。

3）朝向布局

（1）场地内现状建筑的拆、改、留分析。

（2）根据城市规划要求,对建筑物的高度、体量等进行分析。

（3）根据功能要求、气象条件、景观资源等,分析建筑物的朝向与布局。

（4）对场地周边的人文环境及城市历史文脉进行分析,寻找建筑设计的依据与灵感。

4）景观资源

（1）分析场地内的有保留价值的植被与水体。

（2）分析场地内的古树名木及其与建筑物的合理保护距离。

（3）分析场地周边可利用的风景资源,进行建筑物的朝向及视线的设计。

（4）综合场地及其周边的景观资源,形成建筑物的功能布局及广场、庭院等外部空间设计的重要依据。

2.1.3 分析方法

1）现场踏勘

记录和研究分析基地的技术和方法有很多,主要包括从场地自然状况勘测到对声、光以及城市历史文脉等方面的研究。其中,现场踏勘是最为简单易行的方法,即亲临现场,通过绘图、拍照、访谈等方式,观察与记录基地的状况。

现场踏勘并不需要立即获得一个完整的答案,但现场踏勘记录下来的信息将作为重要的依据影响着整个建筑设计的过程。现场踏勘能够为建筑设计者提供最直接的依据,并使最终建成的建筑更加适应基地的状况。现场踏勘的目的是找出基地的限制条件,以感性与理性的手段,应对基地的种种限制条件,找到建筑与周边环境的恰当关系,寻求建筑设计的逻辑依据,从而建立起建筑与环境的应对策略,如图 2-1-11 所示。

例如,在噪声源和需要安静的功能区之间,布置建筑的储藏室、卫生间等相对次要的功能空间以进行隔离和过渡;建筑物的布局围绕基地中需要保留的树木,使树木成为景观中心;根据场地周边的道路状况,确定场地及建筑物的出入口以及组织人行流线与车行流线;根据当地日照和主导风向确定建筑物的主要空间布局和开口;分析新建建筑物与场地周边建筑的关系,保持合理的安全防护距离,并尽量减少彼此之间的干扰等。

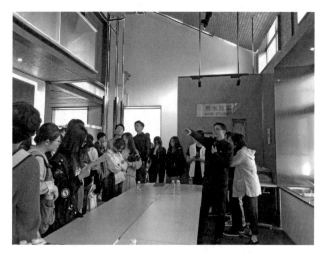

图 2-1-11 现场踏勘场景

2）资料整理

经过现场踏勘、资料查找等调查与分析，把记录下来的信息整理成建筑设计必须的基础资料（地形图、现状图），寻找基地的限制条件和建筑设计的依据。例如建筑物的退界要求（即建筑退用地红线、道路红线、城市蓝线、绿线、黄线、紫线等的距离）；与相邻建筑物的消防间距、日照间距、安全防护距离；场地交通流线及出入口设置（机动车、行人、辅助、货运、污物等）。资料整理主要包括以下两方面的内容：

（1）基地资料分析。

● 场地周边的建成环境与历史文脉分析；

● 场地的气象、地质、水文、地形图、现状图等资料的综合分析；

● 场地的地形地貌、市政管线、城市空间、交通状况、周边建筑、景观资源等资料的综合分析。

（2）相关规范解读。

● 城市规划与建筑设计的普遍性法规的解读，例如《城市道路和建筑物无障碍设计规范》、《民用建筑设计统一标准》、《总图制图标准》、《建筑设计防火规范》等；

● 地方性法规和相关技术规定的解读，例如《上海市城市规划管理技术规定》等；

● 特定类型的建筑设计规范的解读，例如旅馆、剧场、电影院、文化馆、博物馆、百货商店、办公楼、银行、幼儿园、中小学、住宅等各类型建筑设计规范。

3）图示分析

图示分析是一种方便、快捷而直观的表达方式。场地分析图即是基地分析的概念性表达，其重点在于定性地表达出拟建基地的各种限制条件及利用情况，一般不需准确地表达出各个细节尺寸。除了记录基地及其周边自然地理方面的信息，也包括记录者对基地的个人体验与理解。

（1）方法1：对基地现状的个人解读，记录基地中现存的各种信息。

（2）方法2：基于图形背景的研究（运用几何学原理研究基地的图底关系、虚实关系）。

（3）方法 3：探索基地历史发展的轨迹（提供建筑设计的重要依据）。

图 2-1-12、图 2-1-13 为基地图示分析，包括视线分析、流线分析、现状建筑分析等。

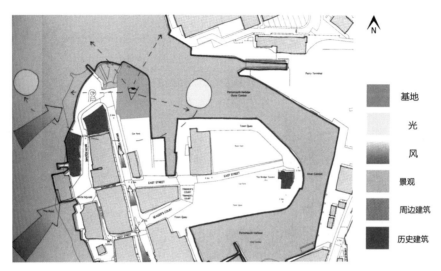

图 2-1-12　基地图示分析示意（一）

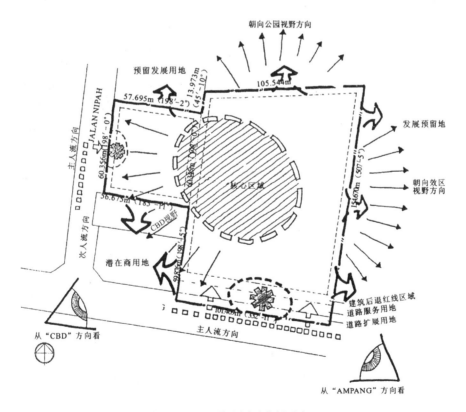

图 2-1-13　基地图示分析示意（二）

4）模型分析

相对于图示分析而言,模型分析是更为直观的三维表达方法,可以直观地体现基地内及其周边的地形地貌、建筑高度与体量等,有利于建筑设计者进行思考与推敲。模型分析有实体模型或计算机虚拟模型等。实体模型一般采用便于加工的纸板、木板、泡沫塑料等材料来制作,如图2-1-14所示。

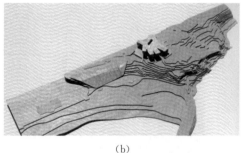

(b)

(a)

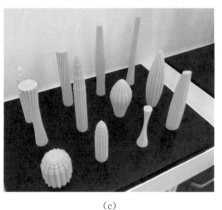

(c)

图 2-1-14　场地分析工作模型

(a)用纸板与泡沫塑料制作的基地模型；(b)用木板制作的基地模型；(c)3D打印的建筑模型

2.1.4　实例分析

1）某别墅基地分析

(1)分析基地范围内的道路、树木、河流、周边建筑的现状。

(2)整理出坡度(绝对标高/相对标高/高差)的区域范围,以便清楚地知道基地的自然条件,作为不同功能布局的限制条件。

(3)分析环境中的日照和风向等气候条件,以便满足室内外空间的基本需求。

(4)分析基地内景观资源的方向和品质。

(5)进行基地的私密性和开放性的分析。

(6)收集城市规划的设计条件,了解规划部门对基地的规划意图、使用性质、周边红线退让情况、日照间距、建筑限高、容积率、绿化率、停车量等要求,以及市政设施分布及供应情况和城市的人文环境和周边建筑的风格等。

（7）分析场地的可建范围（见图 2-1-15）。

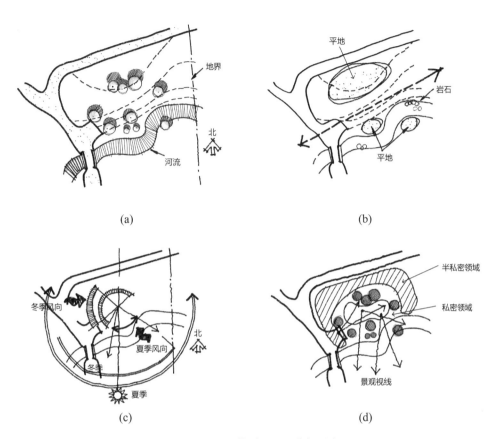

(a)　　　　　　　　　　　　　　(b)

(c)　　　　　　　　　　　　　　(d)

图 2-1-15　某别墅基地分析示意

（a）道路、树木、河流等现状分析；（b）坡度的区域范围；
（c）日照和风向等气候条件；（d）景观的方向和品质

2）某高层办公楼基地分析

图 2-1-16 为某高层办公楼拟建基地分析。拟建建筑高度不超过 50 m，基地西、南两侧临城市干道，北面为大型超市，东面为居住小区。

（1）分析基地的规划退界要求。

（2）分析新建建筑与周边居住建筑的日照间距要求。

（3）分析消防间距的要求。

（4）分析基地周边的交通条件。

（5）分析基地的可建范围。

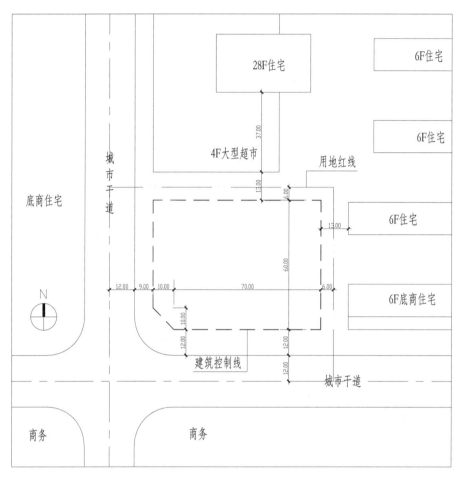

图 2-1-16　某高层办公楼基地分析

2.2　场地总体布局与流线组织

　　通过对场地宏观环境的解读以及场地基础资料的分析整理,我们对拟建场地有了综合全面的认识,在建筑设计中如何合理高效地利用场地,即如何进行场地的总体布局与流线组织是接下来需要解决的问题,需要深入思考如何利用原有地形,如何合理组织交通、充分利用场地景观资源、规避周边环境的不利影响,如何与周边建筑和谐共生等问题。

2.2.1　场地总体布局要求

　　1）城市规划要求

　　场地总体布局应以所在城市的总体规划、分区规划、控制性详细规划、地方性城市规划管理条例以及当地规划主管部门提出的规划条件为依据。建筑布置、功能分区、交通组织、竖向设计、景观设计均应满足城市规划及相关规范的要求。

2）生态与可持续

场地总体布局应具有生态与可持续发展的理念，注重节地、节能、节水等措施的运用。场地总体布局应保护生态环境，保持自然植被、自然水系等景观资源。场地内建筑物应根据其不同功能争取最好的朝向和自然通风，以降低建筑的能耗，节约资源。

3）力求因地制宜

每一片场地位于不同的地点，都有其个性与特征。场地的总体布局应密切结合场地的自然地形地貌、地域的气候与环境特点、城市总体风貌与历史文化等。因此，因地制宜是场地总体布局重要的原则。

4）功能分区合理

场地总体布局应功能分区合理，并对场地竖向、环境景观、管线设计等统筹考虑。并满足消防、卫生、防噪等要求。公共建筑应根据其不同的使用功能和性质，满足其对室外场地及环境设计的要求，如安全缓冲距离以及人员集散空间等。

5）交通组织便捷

场地的交通组织应该便捷高效，与城市的交通衔接良好。合理布置场地及建筑物的出入口，合理组织人车流线，避免干扰以及布置停车设施。

6）预留发展余地

场地总体布局应考虑区域或城市近远期发展的需求，预留发展余地，制定灵活具有弹性的发展框架，并应考虑技术与经济的合理可行。

2.2.2 场地总体布局内容

基于对建筑宏观环境的解读和分析，场地的总体布局主要包括确定建筑间距、建筑朝向、场地及建筑物的出入口、竖向设计、场地的软硬划分和竖向设计、绿化景观布置、停车布置等以及合理组织场地的车行、人行、货运交通等。场地总体布局内容主要包括功能分区、建筑布置、交通组织、竖向设计以及景观设计等五个方面。

1）功能分区

根据具体的设计任务要求，进行场地的功能划分，包括确定主要建筑物的大致方位，确定场地出入口、室外广场、庭院、道路、停车设施等的布局。以小学为例，可按照不同的功能要求，将基地划分为教学、运动、行政办公、生活后勤等不同的功能区，再根据各功能区的使用特点，结合基地条件，进行功能分区，如图 2-2-1 所示。在进行场地总体布局时也常用多个方案来进行推敲和比选，以便决策出最优的布局方案。图 2-2-2 为某拟建场地内医院、办公以及停车场三大功能板块的几种不同的布局模式。不同的布局模式将极大地影响着场地的空间形态与交通组织方式，例如场地出入口、建筑出入口的位置以及机动车流线和步行流线等，如图 2-2-3 所示。

图 2-2-1 某小学基地功能
分区示意图

图 2-2-2　某基地功能分区的四个比选方案

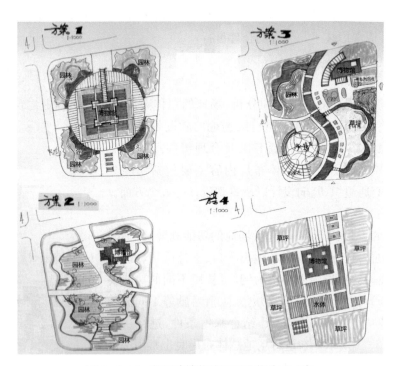

图 2-2-3　某拟建博物馆基地功能分区示意

2）建筑布置

（1）确定可建范围。

首先按照城市规划要求以及建筑与环境的关系，确定拟建建筑物与用地界线（或道路红线、建筑红线)及相邻建筑物之间的距离(例如消防间距、日照间距、卫生距离),此外,还应确定建筑物退让古树名木或保护地物的距离。图 2-2-4 为依据城市规划条件以及各种退界要求而确定的某学校新建图书馆与教学楼的可建范围分析。

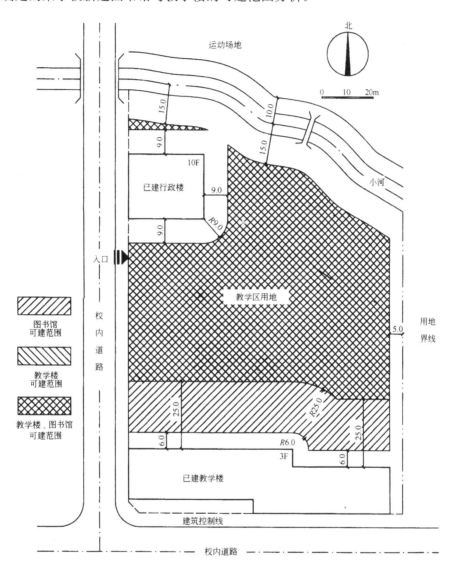

图 2-2-4　某学校新建图书馆与教学楼可建范围分析

(2) 选择建筑朝向。

根据日照因素、风向因素以及道路走向周边景观等因素选择建筑朝向。一般而言,建筑朝向的选择目的是为了获得良好的日照和通风条件。为了获得良好的日照,我国大多数地区建筑的朝向以南偏东或南偏西 15°以内为宜(见图 2-2-5)。建筑与道路的关系也是影响建筑朝向的重要因素,因此建筑朝向也应充分考虑城市道路景观的要求,建筑一般顺应道路走向,与道路形成平行、垂直等关系,如图 2-2-6 所示。

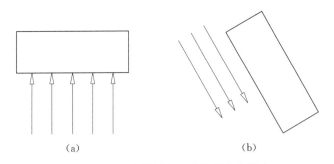

（a）　　　　　　　　　（b）

图 2-2-5　主导风向对建筑朝向的影响

（a）建筑垂直于夏季主导风向；（b）建筑平行于冬季主导风向

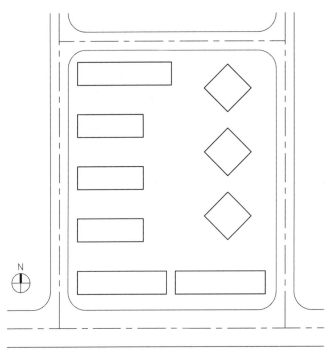

图 2-2-6　道路走向对建筑朝向的影响

（3）确定建筑间距。

主要根据建筑的日照间距、日照标准、通风要求、防火间距、防噪间距等来确定新建建筑之间以及新建建筑和周边已有建筑的间距。建筑间距的确定需要综合以上各种因素，一般选择其中的大值作为实际的建筑间距。图 2-2-7 为几种建筑间距的示意图。

（4）布置建筑功能。

在进行建筑的功能分区与空间组合设计时，应处理好建筑单体或建筑群体中的主次关系，如主要使用功能与辅助使用功能，主入口与次入口等，标注出主要建筑物的名称、层数、出入口位置等。图 2-2-8 为某办公楼总平面图。

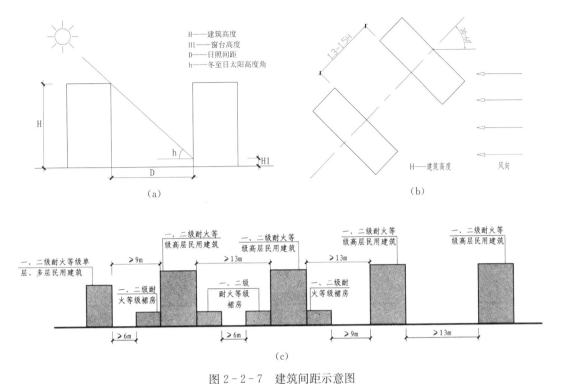

图 2-2-7　建筑间距示意图

（a）日照间距；（b）通风间距；（c）防火间距

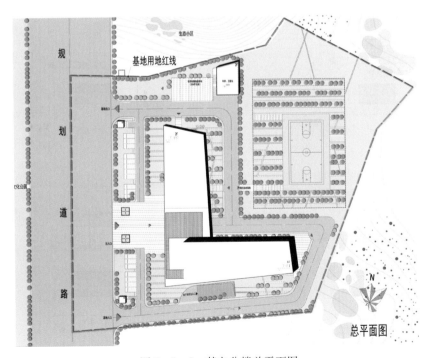

图 2-2-8　某办公楼总平面图

3）交通组织

根据场地分区、使用活动路线与行为规律的要求，分析场地内各种交通流的流向和流量，选择适当的交通方式，建立场地内部完善的交通系统。充分协调场地内部交通与其周围城市道路之间的关系。依据城市规划的要求，确定场地出入口位置，处理好由城市道路进入场地的交通衔接，对外衔接出口应符合城市交通管理要求。有序组织各种人流、车流、客货交通，合理布置道路、停车场和广场等相关设施，将场地各部分有机联系起来，形成统一整体。场地的道路交通组织一般按照交通方式选择、场地出入口确定、流线分析及道路系统组织、停车场设置的基本步骤来进行。人流、车流、货流、职工、后勤、自行车、垃圾出口等应分流明确、洁污不混、内外有别。

（1）出入口。

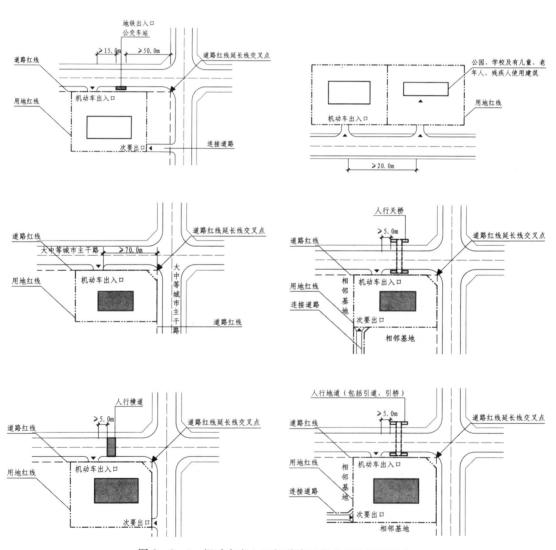

图2-2-9 机动车出入口与道路红线交点的距离要求

根据城市规划的要求,确定场地的出入口(人行、机动车、货运、自行车等)的位置、数量,以及入口集散广场等。《民用建筑设计统一标准》中对建筑基地机动车出入口有相应的规定:中等城市、大城市的主干路交叉口,自道路红线交叉点起沿线 70.0 m 范围内不应设置机动车出入口;建筑基地机动车出入口位置应符合所在地控制性详细规划,距人行横道、人行天桥、人行地道(包括引道、引桥)的最近边缘线不应小于 5 m;距地铁出入口、公共交通站台边缘不应小于 15.0 m;距公园、学校及有儿童、老年人、残疾人使用建筑的出入口最近边缘不应小于 20.0 m。如图 2-2-9 所示。

(2)道路系统。

场地的道路结构应清晰、简明、顺直,道路要善于结合地形状况和现状条件,尽量减少土方工程量,节约用地和投资。还需确定道路的主要技术条件,例如道路宽度、道路坡度、转弯半径等。《民用建筑设计统一标准》中关于道路宽度的规定:单车道路宽不应小于 4.0 m;双车道路宽住宅区内不应小于 6.0 m,其他基地道路宽不应小于 7.0 m;人行道路宽度不应小于 1.5 m。

(3)停车系统。

场地停车系统有地面停车场、组合式停车场和独立停车库等三种形式。对于不同等级、不同使用性质的建筑,停车系统的设计指标也有所不同。停车面积依据车型的具体尺寸确定,一般小型汽车公共停车场按每辆 25—30 m² 计,小型汽车库按每辆 30—40 m² 计。常见车型外廓尺寸与转弯半径如表 2-2-1 所示,常用车位尺寸如表 2-2-2 所示。

表 2-2-1 常用车型外廓尺寸与转弯半径

车辆类型	各类车型外廓尺寸/m			转弯半径/m
	总长	总宽	总高	
微型汽车	3.20	1.60	1.80	4.50
小型汽车	5.00	2.00	2.20	6.00
中型汽车	9.00	2.50	4.00	8.00—10.00
大型汽车	12.00	2.50	4.00	10.50—12.00
铰接车	18.00	2.50	4.00	10.50—12.50
大型货车	10.00	2.50	4.00	10.50—12.00

表 2-2-2 常用车位尺寸

类型	车位尺寸/m
小型汽车	3×6
大客车	3.5×12
自行车	0.6×2

常见的车辆停放方式可分为三种:平行式、垂直式、斜列式。其中,斜列式又有 30°、45°、60° 等几种形式,如图 2-2-10 所示。

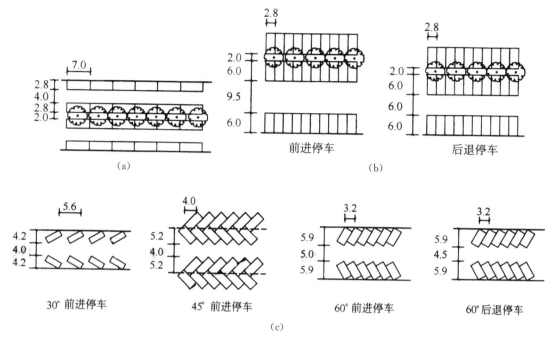

图 2-2-10　停车参考尺寸/m

(a) 平行式；(b) 垂直式；(c) 斜列式

4）竖向设计

基地地面高程应按城市规划确定的控制标高设计。并结合各种设计因素,确定基地关键点的标高,例如城市道路衔接点、道路变坡点、主要建筑物的室内地坪设计标高,台阶式竖向布置时各个设计地面的标高,以及地形复杂时的主要道路和广场的控制标高等。基地地面高程应与相邻基地标高协调,不妨碍相邻各方的排水。图 2-2-11 为某基地的剖面示意图,图中标示出了场地中各个设计地面的标高。图 2-2-12 为场地中的建筑物平行或垂直于等高线布置时的不同处理方式。

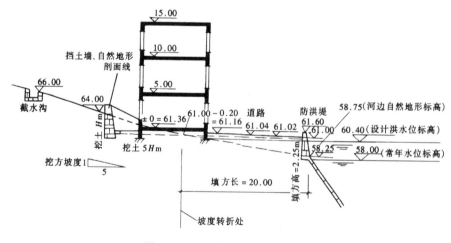

图 2-2-11　某基地剖面示意图

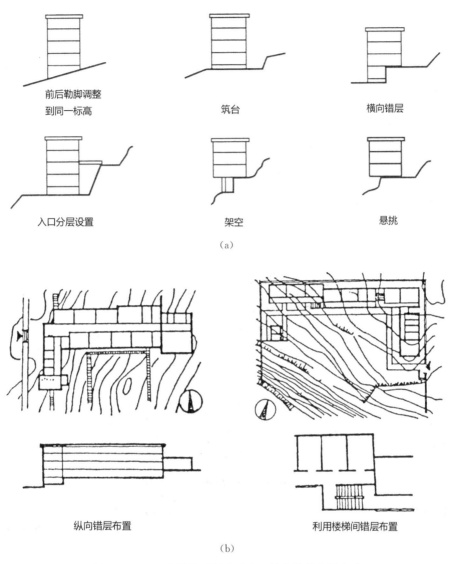

前后勒脚调整
到同一标高

筑台

横向错层

入口分层设置

架空

悬挑

（a）

纵向错层布置

利用楼梯间错层布置

（b）

图 2-2-12　建筑物平行或垂直于等高线的布置方式

（a）建筑平行于场地等高线布置；（b）建筑垂直于场地等高线布置

5）景观设计

结合场地原有景观资源，例如古树名木、绿化植被、河流水体等，进行场地的绿化布置与景观环境设计，主要包括绿化配置、小品设计、景观节点和视觉通廊的设计以及场地地面的材质、色彩设计等。同时，也应考虑对场地周边的景观资源的有效利用，例如可以采用借景、轴线等手法将场地周边的景观资源引入到场地的空间之中。图 2-2-13 为某幼儿园的景观设计示意，地块北面的常绿乔木能够阻挡冬季寒风；图 2-2-14 为某城市市民广场总平面图，市民大舞台、广场、绿化、雕塑小品、座椅等多种元素共同塑造层次丰富的空间效果；图 2-2-15 为某城市商业步行街及住宅组团的景观设计总图。

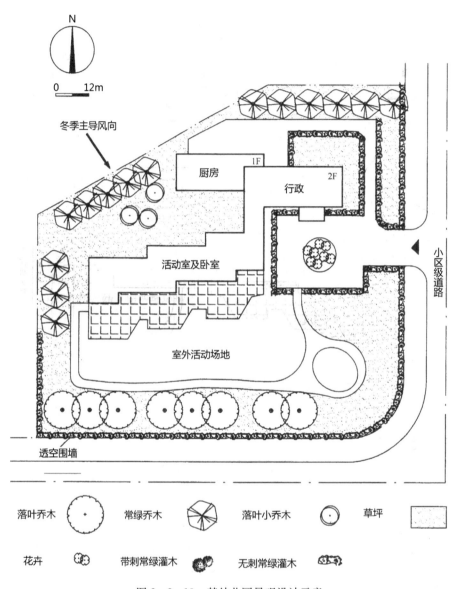

N

0   12m

冬季主导风向

厨房   1F

行政   2F

活动室及卧室

室外活动场地

透空围墙

小区级道路

落叶乔木   常绿乔木   落叶小乔木   草坪

花卉   带刺常绿灌木   无刺常绿灌木

图 2-2-13 某幼儿园景观设计示意

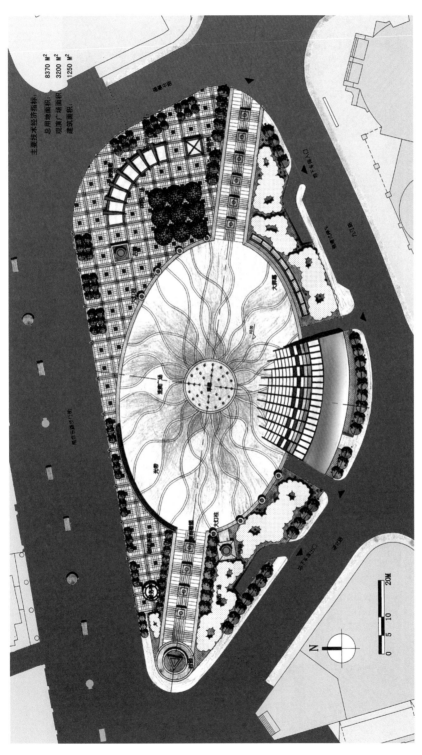

图 2 - 2 - 14　某城市广场设计示意图

图 2-2-15　某商业步行街及住宅组团的景观设计总图

2.2.3　实例分析

1) 公园茶室备选基地分析

我国南方某公园拟建一座公园茶室,为游客提供休息娱乐的场所。备选基地有 A、B 两处(见图 2-2-16),试从以下几个方面着手,分析基地 A 与基地 B 的优缺点,并做出选择。

(1) 地形与地貌(基地形态、高差)。

(2) 朝向(光照、风向)。

(3) 景观(自然景观资源:植被、水体、古树;人的需求:观景、视线、行为、心理等)。

(4) 交通(出入口、人流、车流、货运、停车等)。

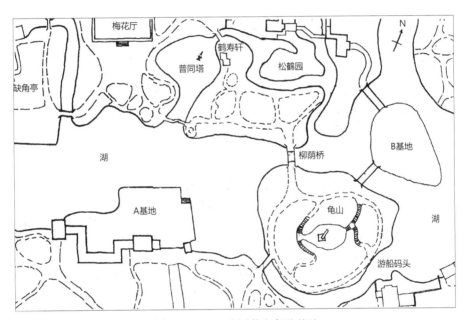

图 2-2-16　公园茶室备选基地

2) 公园咖啡吧备选基地分析

我国北方某公园拟建一座公园咖啡吧,为游客提供休息娱乐的场所。备选基地有 A、B、C、D 四处(见图 2-2-17),试从以下几个方面着手,分析基地 A、B、C、D 各自的优缺点,并做出选择。

(1) 地形与地貌(基地形态与高差等因素影响建筑物的布局)。

(2) 朝向(光照、风向)。

(3) 景观(自然景观资源:植被、水体、古树;人的需求:观景、视线、行为、心理等)。

(4) 交通(出入口、人流、车流、货运、停车等)。

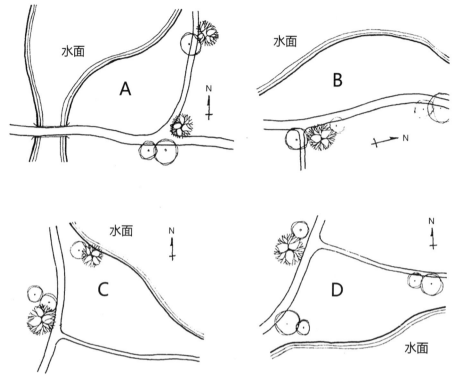

图 2 - 2 - 17 公园咖啡吧备选基地

思考题

1. 建筑设计的宏观环境是指什么？
2. 基地特征主要包括哪几个方面？
3. 场地分析的主要内容包括哪些？
4. 场地分析的方法有哪几种？
5. 场地总体布局的要求有哪些？
6. 场地总体布局的主要内容有哪些？
7. 建筑布置包括哪几个方面？
8. 场地交通组织包括哪几个方面？

作业指示书

作业二：场地分析与总体布局

一、作业内容

试对某拟建场地进行综合分析（包括区位、规划限制条件、现状条件、朝向、日照、绿化、交通、地形、地貌等因素），并进行场地总体布局设计（包括功能分区、建筑布置、交通组织、外部空间设计、景观设计等）。

二、基地概况

备选基地有两处，均位于上海某高校校园内（详见后附校园总图），拟建大学生活动中心。其中，基地 1 建筑控制线内面积 2 366 m²，基地 2 建筑控制线内面积 2 849 m²（基地 2 西南方向有一座加油站，需注意建筑间距规范要求）。总建筑面积约为 2 000 m²，建筑限高 10 m。由 A、B、C 三幢建筑组成，其中 A 为两层高的活动用房（层高 3.6 m，室内外高差 0.6 m），B 为两层高的办公用房（层高 3.6 m，室内外高差 0.6 m），C 为一层高的报告厅（层高 6 m，室内外高差 0.6 m）。如下图所示：

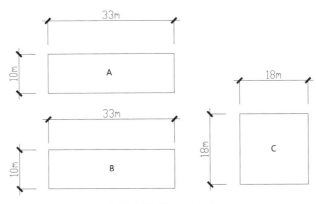

新建筑物的平面尺寸

三、作业要求

1）场地分析

试分析拟建场地的规划限制条件、现状条件（朝向、日照、绿化、交通、地形、地貌）、建筑物的可建范围等因素，并进行场地交通组织（人车组织、出入口布局等）。学号为单数的同学分析基地 1，学号为双号的同学分析基地 2。

2）建筑布局

按照图 2-3-1 给定的尺度进行简单的建筑形体布局，A、B、C 各幢建筑之间可用走廊、内庭相连接。需考虑各部分使用特点、日照间距、动静分区等因素合理进行建筑布局，并表达建筑物的主次出入口位置。

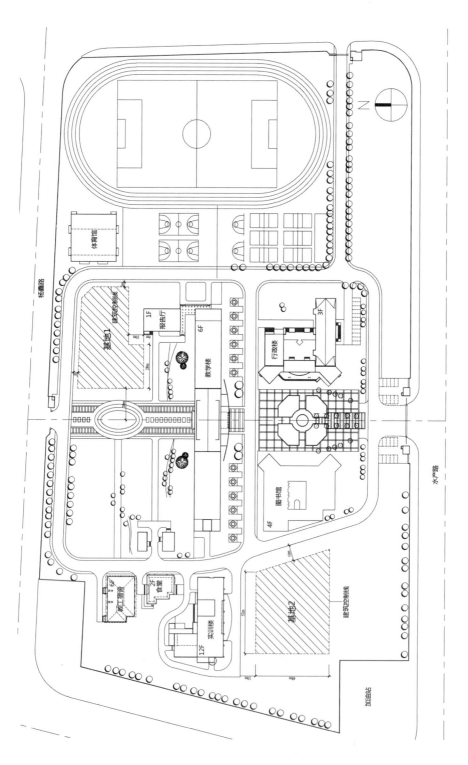

校园总平面图

四、成果形式

A2 图纸 1—2 张。

图纸规格:594 mm×420 mm。

图纸签名:签名统一写在图纸右下角,排成一行,依次为班级、学号、学生姓名、指导教师、成绩 5 项,字体为 10 mm×10 mm 等线体。

图纸内容:总平面图、调研照片、手绘图纸、文字分析等。

总平面图:比例 1:300,图上须标示建筑物布局(包括走廊、庭院、中庭等,标明建筑的层数与高度),地面铺装设计,交通流线组织(人流、车流、建筑物主要出入口),景观布局构思(景观现状、景观节点、景观视线等),以及设计者独特的构思创意等。

五、进度安排

时间共 8 课时,2 周(4 课时/周)。

第 1 周——现场踏勘、收集资料、小组讨论;

第 2 周——进行课堂交流与讨论,提交作业成果。

第3单元 空间的功能与形式

3.1 空间的定义

建筑的本质是功能、艺术、技术、经济等多种要素的组织以及由此形成的空间表象。建筑设计的实质就是塑造适合于一定用途的空间,可以说空间设计是建筑设计的核心内容。具体而言,空间设计即确定建筑空间的功能与形式以及空间与空间的关系。建筑空间是一种非物质要素,在形式上表现为一种三维存在,在本质上表现为一种使用功能。建筑空间要满足人们的精神和审美需求,因此功能与形式是建筑空间设计的两大要素。

3.1.1 实体与空间

什么是空间?空间相对于实体而存在。日本建筑理论家芦原义信认为:"空间基本上是由一个物体同感觉它的人之间产生的相互关系所形成的。"[①]这里所指的空间实际上是指感觉意义上的空间。中国古代哲学家老子在《道德经》里曾指出"埏埴以为器,当其无,有器之用。凿户牖以为室,当其无,有室之用……"意为真正具有价值的不是建筑的实体,而是当中"无"的部分,即空间本身。各种物质元素如门、窗、墙体、屋顶等及建造方法都不是建筑的真正目的,而是达到目的所采取的手段,建筑的真正目的在于空间。"空间是物质的,它具有三维维度,它位于某个特定的地点,经历了时间的改变,包涵着人们的记忆。"[②]实际上,在人们的日常生活中,有时一些活动也能形成特殊的空间形式,空间与人们的生活密切关联,如图3-1-1、图3-1-2所示。

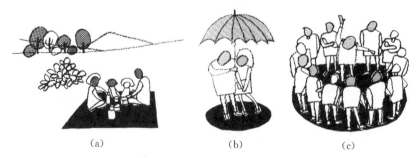

(a)   (b)   (c)

图3-1-1 人的活动与空间

(a) 由地毯界定出来的家庭活动空间;(b) 雨伞下的私密空间;(c) 演讲活动形成的向心空间

---

① (日)芦原义信. 外部空间设计[M]. 尹培桐,译. 北京:中国建筑工业出版社,1985.
② Lorraine Farrelly. The Fundamentals of Architecture,(second edition)[M]. AVA Publishing SA,2012:20.

图 3-1-2　南美洲哥伦比亚的一个集市

3.1.2　建筑空间类型

1）内部空间与外部空间

建筑空间有内、外之分，但是在某些情况之下，建筑内、外空间的界线似乎又不是那样分明。一般情况下，人们常用有无屋顶来当做区分室内、外部空间的标志。日本建筑理论家芦原义信在其《外部空间设计》一书中也是用这种方法来区分内、外空间的。

（1）内部空间。

建筑的"内部空间是人们为了某种目的（功能）而用一定的物质材料和技术手段从自然空间中围隔出来的。"[①]内部空间和人的关系最为密切，对人的影响也最直接。建筑内部空间不仅要满足建筑基本的使用功能，还要满足人们的审美需求。图 3-1-3～图 3-1-9 为公共建筑的内部空间。

---

① 彭一刚. 建筑空间组合论（第三版）［M］. 北京：中国建筑工业出版社，2008.

图 3-1-3 芝加哥伊利诺伊州中心内景

图 3-1-4 法兰克福某商场内景

图 3-1-5 印第安纳州哥伦布镇某教堂内景

图 3-1-6 柏林某银行内景

图 3-1-7 盐湖城公共图书馆内景

图 3-1-8 伊利诺伊大学香槟分校本科生图书馆内景

图 3-1-9 芝加哥大学图书馆内景

（2）外部空间。

建筑的外部空间主要因借建筑形体而形成，主要类型有两种，其一是以空间包围建筑而形成的开敞式外部空间，如广场空间、街道空间等，如图 3-1-10、图 3-1-11 所示；其二是由建筑实体围合而形成的具有较明确的形状和范围的封闭式外部空间，如院落空间，如图3-1-12、图 3-1-13 所示。除此之外，还有各种介于开敞与封闭之间的复杂的外部空间形式，例如半室外的灰空间，如图 3-1-14 所示。

图 3-1-10 广场空间（上海人民广场）

图 3-1-11 街道空间（美国丹佛市第十六商业街）

图 3-1-12　由建筑围合而成的外部空间

图 3-1-13　院落空间

(a)

(b)

图 3-1-14　灰空间

(a) 有顶的泳池；(b) 外廊

2）单一空间和组合空间

（1）单一空间。

单一空间是构成建筑空间的基本单位，由垂直向度的限定要素和水平向度的限定要素通过一定方式围合而成，房间是最典型的单一空间。一幢建筑可以是一个单一空间，也可能是多个单一空间的组合。通常，一座建筑是由若干不同形状的单一空间共同构成，如图3-1-15所示。在进行建筑空间研究时，我们通常是从建筑最小的空间单元——单一空间入手。对于单一空间而言，空间的形状、比例和尺度、围合程度等基本属性决定着空间的性质。

a. 空间的形状。不同形状的空间往往使人产生不同的空间感受。空间的形状往往由使用功能要求和人的主观感受共同决定。例如最常见的长方体空间，由于长、宽、高的比例不同，空间的形状也有多种变化。窄而长的空间容易产生强烈的导向性，例如走道。球体空间能产生很强的向心力，空间内聚、收敛，如图3-1-16所示。

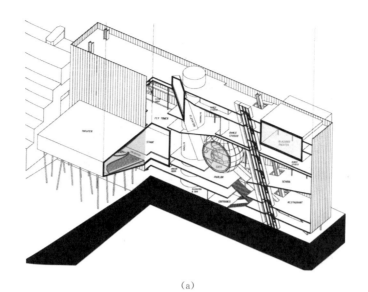

（a）

（b）

图 3-1-15　由多个单一空间构成的建筑

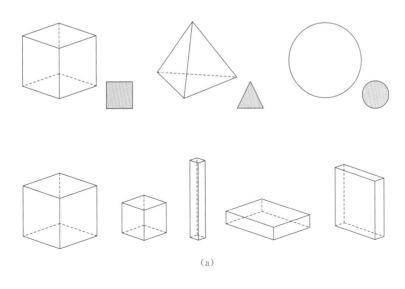

（a）

（b）　　　　　　　　　　　　　　　　（c）

图 3-1-16　各种形状的单一空间

（a）不同形状与比例的单一空间；（b）球形的单一空间；（c）半球形的空间

b. 空间的围合程度。空间的围合程度就是指界定要素对空间的限定程度，主要取决于界定要素的形状、材质和洞口的数量与尺寸。空间的围合程度对我们感知其形体和方向具有重要的影响。例如，空间界面上开洞多，尺度大，则空间的围合感变弱，空间变得空透开敞。反之，空间将变得封闭内向。如图 3-1-17 所示。

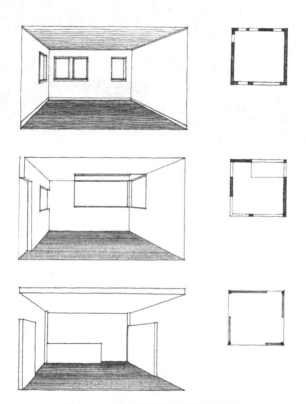

图 3-1-17　不同围合程度的空间

（2）组合空间。

组合空间是由多个单一空间按照一定的规则或方式组合而成的空间。建筑空间或由单一空间构成，也可以由多个单一空间按照一定的规则或方式组合而成（这部分内容将在下一小节进行深入讨论）。

3.2 空间的形式

3.2.1 空间界定要素

人们建造建筑是为了获得建筑中可以利用的空间，实体部分是空间的外壳，空间与实体是一对相互统一、不可分割的整体。在建筑中，空间的界定要由实体要素来完成，任何一个建筑空间都是由水平界定要素和竖向界定要素共同限定而形成的，如图 3-2-1 所示。

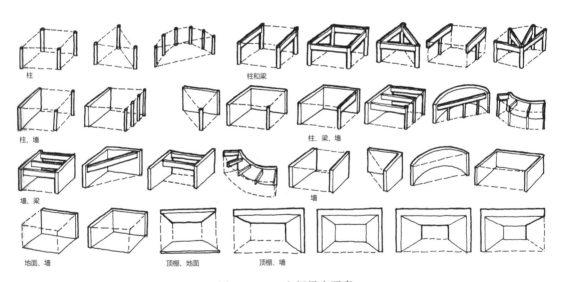

图 3-2-1 空间界定要素

1）水平界定要素

顶棚与地面是建筑空间主要的水平界定要素。

顶棚作为建筑空间的上界面，而地面则是建筑空间的下界面。顶棚的形状、大小、距地面的高度等都会对所覆盖的空间产生影响，如图 3-2-2 所示。

地面的标高、色彩、质感、图案的变化也能起到界定空间范围的作用。可以通过升高或降低局部地面的标高，利用地面高差的变化有效界定场所的范围，形成空间领域感，如图 3-2-3 所示。

图 3-2-2　顶棚对空间的界定

图 3-2-3　地面对空间的界定

2）竖向界定要素

墙体与柱子是建筑空间主要的竖向界定要素。

墙体作为建筑空间的侧界面，是以垂直面的形式出现的，实体墙面对人的视线具有完全遮挡的作用，当墙面上开设门窗洞口时，洞口的位置、尺度与比例决定着内部空间与周围环境相互联系的程度，如图 3-2-4 所示。

与墙面相比，柱子是一种较为灵活的竖向界定要素。柱子不像墙体那样完全遮挡人的视线，形成封闭的空间，但列柱或柱廊可以依靠其位置关系形成领域感，形成空间张力，既界定出空间范围，又保持了视线的连贯以及空间的连续。柱子的疏密影响着空间围合感的强弱，如图 3-2-5 所示。

图 3 - 2 - 4　墙体对空间的界定

图 3 - 2 - 5　柱子对空间的界定

3.2.2　空间组合形式

在现实生活中，由单一空间组成的建筑并不多见，一般的建筑物均由多个空间组合而成，它们彼此联系并组合成连贯的形式和空间的图案。主要有集中式、线型、放射式、单元式与网格式等五种空间组合形式。

1）集中式（centralized organizations）

集中式空间组合是一种稳定的向心构图，它由一定数量的次要空间围绕着一个大的占主导地位的中心空间构成，是内向型的空间组合形式，如图 3 - 2 - 6 所示。

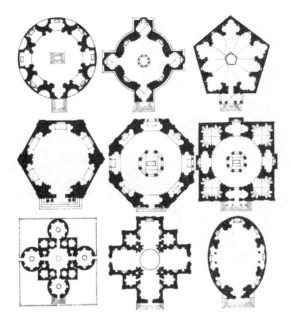

图 3-2-6　集中式空间组合

2）线型（linear organizations）

线型空间组合通常由尺度、形式和功能都相同的小空间沿轴向重复出现而成，或由一个线型空间将各个尺度、形式和功能不同的空间沿轴向串联而成，如图 3-2-7 所示。

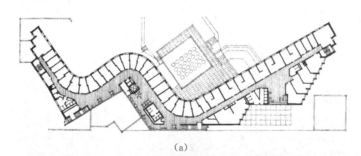

（a）

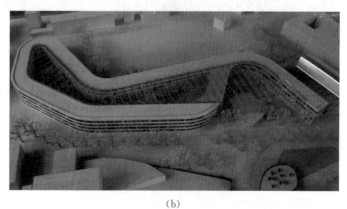

（b）

图 3-2-7　线型空间组合

（a）贝克住宅；（b）德国德骚环保署办公楼模型

3）放射式（radial organizations）

放射式空间组合由一个居于中心的主导空间及多个线型空间组合由此呈放射状向外延伸，是外向型的空间组合形式，如图 3-2-8 所示。

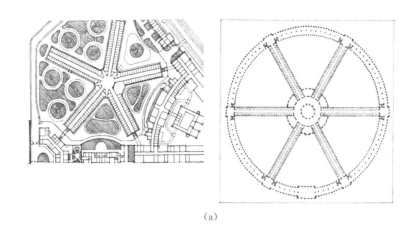

（a）

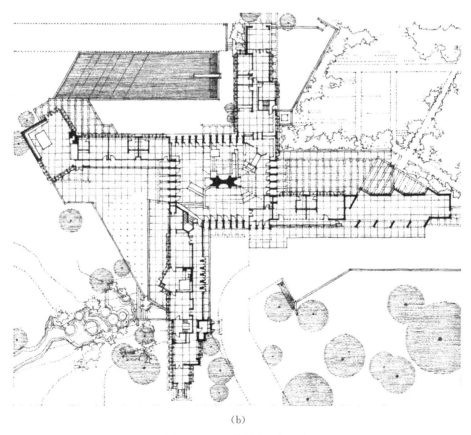

（b）

图 3-2-8　放射式空间组合

（a）采用放射式平面的监狱与医院；（b）赫伯特·F·约翰逊住宅

4) 单元式(clustered organizations)

单元式空间组合是指通过紧密的联系来使各个单元之间相互联系,各个单元具有类似的功能并在形状和朝向等方面具有共同的视觉特征,如图3-2-9所示。

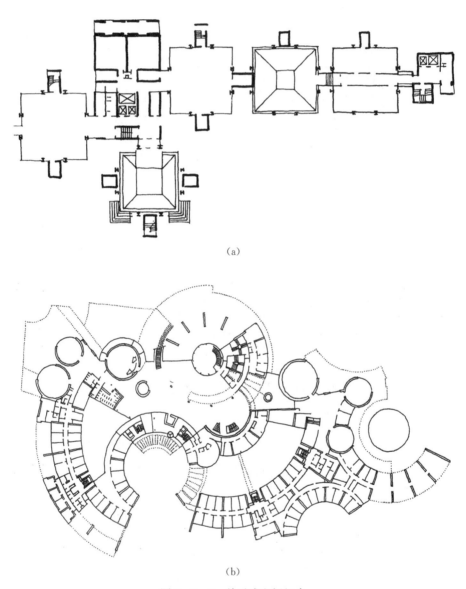

(a)

(b)

图3-2-9 单元式空间组合

(a)宾夕法尼亚大学理查医学研究中心;(b)杜塞尔多夫政府议会大厦

5) 网格式(grid organizations)

网格式是指空间的位置和空间的相互关系受控于一个三维网格图案或三维网格区域,呈有规律的布局,如图3-2-10所示。

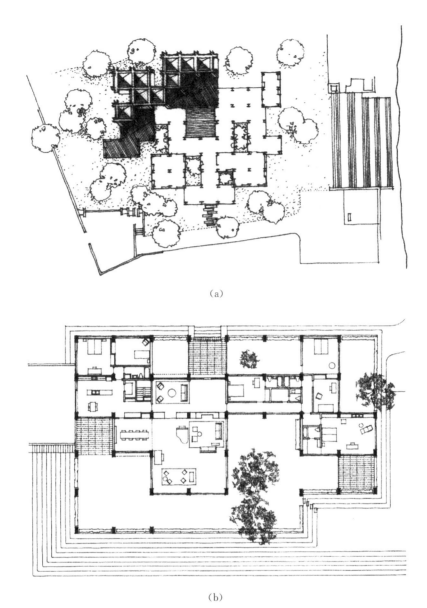

（a）

（b）

图 3-2-10 网络式空间组合

（a）印度甘地纪念馆；（b）埃里克·伯逊纳斯住宅

3.2.3 空间组合手法

表 3-2-1 几种空间组合方法

类型	特　点	示意图
轴线	轴线是由空间中两点连成的线，形式和空间可以关于此线呈对称或平衡的方式排列	

（续表）

类型	特 点	示意图
对称	对称是指在一条分界线或一个分界面的两侧，或围绕一个圆心或轴线均衡地分布等同的形式或空间	
等级	等级是指通过尺度、形状或位置与组合中其他形式或空间的对比，来表明某个形式和空间的重要性和特殊意义	
韵律	韵律是指一种统一的运动，其特点是在同一个形式或者某一变化的形式中，形式要素或主题图案重复或交替出现	
基准	基准是指利用线、面或体的连续性与规则性来聚集、衡量以及组织形式与空间的图案	
重复	重复是指利用要素之间的近似程度以及它们共有的视觉特征来为构图中重复出现的要素建立起秩序	
变换	变换是指通过一系列个别的处理和转变，改变建筑观念、建筑结构或建筑组合的原则，呼应特殊的环境或基地条件，而不失其可识别性	

　　一般而言，空间组合的方法包括轴线、对称、等级及韵律等多种类型，如表 3-2-1 所示，而空间之间的关系主要有包含和相交两种形式，如图 3-2-11 所示。空间相交的几种形式如图 3-2-12 所示。

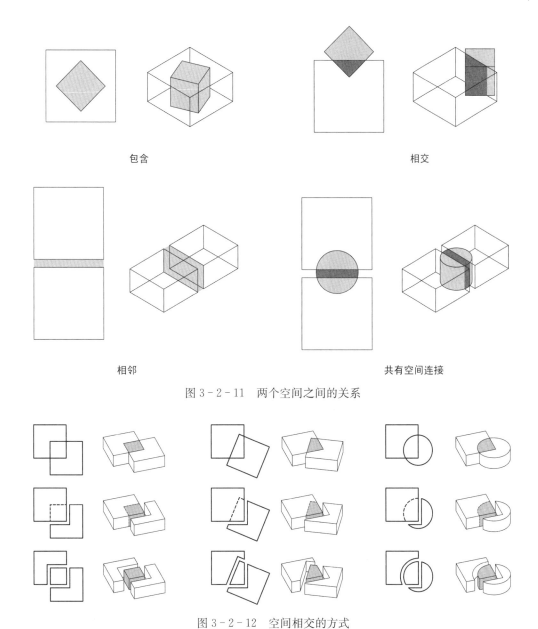

图 3 - 2 - 11　两个空间之间的关系

图 3 - 2 - 12　空间相交的方式

3.2.4　比例与尺度

1）比例（proportion）

比例是指空间要素本身、要素之间、要素与整体之间在度量上的一种制约关系。在建筑设计领域从整体到细节都存在着关于比例的问题，例如，建筑空间的大小、长宽、高低是否合适？某种材质的建筑构件其长短、粗细、厚薄等是否合适？等等。

任何物体都存在着长、宽、高三个方向的度量，比例正是研究物体长、宽、高三个方向度量之间的关系问题。比例是形体之间谋求统一、均衡的数量秩序。良好的比例一定要能正确反映事物内在的逻辑性，并引起人的美感。如著名的黄金分割比为 1∶1.618，如图 3 - 2 -

13 所示。与建筑空间相关的比例问题主要涉及建筑空间、建筑材料、建筑结构等几个方面。图 3-2-14 为不同比例的建筑空间。

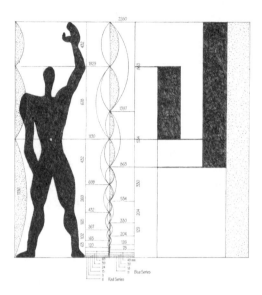

图 3-2-13 人体尺度与黄金比例

| (a) | (b) |

图 3-2-14 不同比例的建筑空间

(a)高而宽的空间令人感觉开敞；(b)高而狭窄的空间具有强烈的导向性

2）尺度（scale）

尺度是指建筑物的整体或局部与人之间在度量上的制约关系，即整体与局部之间的关系以及其与环境特点的适应性问题。同样体积的形体，水平分割多会显高，其视觉高度要大于实际高度；反之，水平分割少则显得比实际尺寸低。可见，尺度不同于尺寸，尺寸是物体的真实大小，而尺度所研究的是建筑物的整体或局部给人感觉上的大小印象和其真实大小之间的关系问题。尺度是人们对某些物体大小的主观判断，在处理空间的尺度问题时，人们总是把一物同另一物进行比较。

　　建筑空间的尺度主要指建筑物与人之间的大小关系以及建筑物各部分之间的大小关系而形成的一种心理感受。尺度和人的主观感受密切相关。建筑空间中的一些构件，例如台阶、门窗等，人们比较熟悉它们的尺寸，于是这些构件就成为衡量建筑物尺度的尺子。人是空间尺度真正的测量标准。通过不同的尺度处理可以获得夸张或亲切等不同的空间效果，如图 3-2-15 所示。

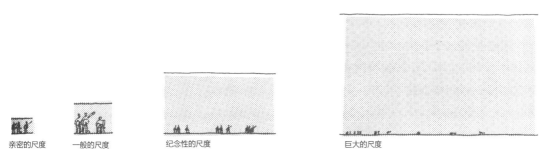

亲密的尺度　　　一般的尺度　　　　纪念性的尺度　　　　　　巨大的尺度

图 3-2-15　不同尺度的建筑空间

　　人体尺寸与人的活动是决定建筑空间大小的主要因素。空间尺度最终要根据人体活动空间的变化而变化，如图 3-2-16 所示。建筑空间尺寸的要求主要基于以下几个因素：人体尺寸与体型；家具尺寸与形状；人体活动所需要的空间尺寸与形状；人与人之间的理想距离和心理距离。

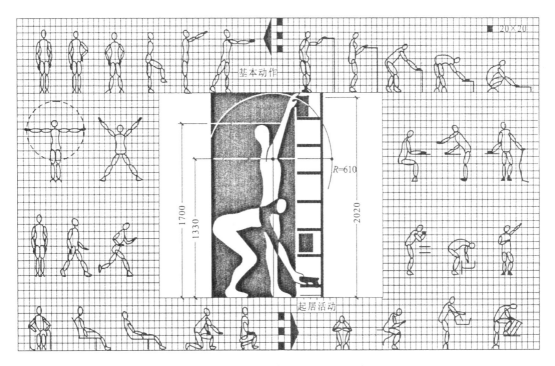

图 3-2-16　人体活动与基本尺度

3.2.5 色彩与质感

1) 色彩(color)

人们在观察物体时,视觉神经对色彩的反应最快,其次是形状,最后才是物体表面的质感和细节。因此,色彩是表达建筑设计意图的重要手段。不同的色彩能让人产生不同的生理和心理上的感受。色彩有进退感、距离感和重量感。色彩的冷暖可以对人的视觉产生不同的影响:暖色调使人感到靠近,给人兴奋、活跃、温暖的感觉;而冷色调使人感到隐退,给人以冷静、沉稳、凉爽的感觉。两个大小相同的房间,暖色的会显得小,冷色的则显得大。两个大小相同的物体,深色的显得重,浅色的显得轻。此外,不同明度的色彩,也会使人产生不同的感觉:明度高的色调使人感到明快、兴奋;明度低的色调使人感到压抑、沉闷。基于色彩的这些特性,色彩具有调节建筑空间形态、尺度及比例的作用。例如,可以通过对空间底界面和侧界面的色彩处理可进行空间的限定或划分。色彩可以使空间带有积极或消极的表情,不同的色彩可以营造出不同的空间氛围,如图3-2-17、图3-2-18所示。

对于建筑色彩的处理,对比和调和是两个主要的手法。如中国古代木结构建筑,色彩富丽堂皇,采用的是对比的色彩处理手法;西方古典砖石结构的建筑,色彩朴素淡雅,采用的是调和的色彩处理手法。对比可以使人兴奋,但强烈的对比会使人感到刺激(见图3-2-19);调和给人一种和谐感,因此人们一般习惯于色彩的调和,但过分的调和有时则会使人感到单调(见图3-2-20)。

图3-2-17 歌剧院门厅暖色调的大红色、金色使人兴奋

图 3-2-18　图书馆休息厅冷色调的深蓝色、白色令冷静

（a）

（b）

图 3-2-19　色彩的对比

(a)   (b)

图 3 - 2 - 20　色彩的调和

2) 质感(texture)

在建筑空间中,色彩常与材料相互联系,它们都是材料表面的属性。因此,离开材料而抽象地讨论色彩是无意义的。不同的材料具有不同的质感和肌理,关联着人的视觉、触觉以及心理感受。例如,坚硬的石材,光洁的玻璃、粗糙的混凝土、柔软的织物、冰冷的钢铁、温暖的木材等语言的表达正是代表了人们对于不同建筑材料的感受。不同的材料可以表达出建筑师不同的设计意图。因此,建筑师应对建筑材料的内在性能,包括材料的形态、纹理、色泽、力学和化学性能等进行仔细研究。现代主义建筑大师弗兰克·赖特说过:"每一种材料都有它自己的语言,自己的故事。"很多建筑材料本身就具有天然的美感,例如木材、清水混凝土、清水砖墙等。

质感处理,一方面可以利用材料本身所固有的特点来形成独特的效果,另一方面也可以用人工手段来创造某种特殊的质感效果。此外,除了应重视建筑材料的本性,还应关注不同材料组合而产生的效果。例如采用不同外墙材料的建筑具有完全不同的视觉效果,如图3 - 2 - 21所示。

(a)   (b)

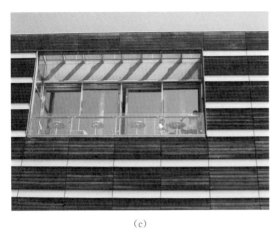

(c)　　　　　　　　　　　　　　　(d)

图 3 - 2 - 21　不同材料的建筑外墙

(a) 玻璃；(b) 金属；(c) 木材；(d) 石材

3.3　空间的功能

　　建筑空间由空间界定因素界定而形成,这些因素包括墙体、地面、顶棚、家具,当然也可以是空间中其他的物体。由于建筑有别于纯粹的艺术,它既要满足使用者的精神需求,又承载着一定的实用功能。实际上,建筑空间以及空间的界面因素大多都具有实用的功能,例如柱子、墙体既是建筑空间的竖向界定要素,又是重要的承重构件。两千多年前,古罗马的伟大建筑家维特鲁威在论述建筑时,就曾把"坚固、适用、美观"作为建筑的三要素。其中的"适用",即满足功能需求成为评判一个建筑作品的前提和基础之一。因此,功能是建筑设计必须要考虑的重要因素。可以把功能视为建筑的内容,而空间则可视为建筑的形式,建筑的功能决定着空间形式,同时空间形式又影响着建筑的功能。

3.3.1　功能与空间

1) 功能决定空间尺度

　　建筑空间应满足基本的人体尺度和关怀人的心理需求,根据不同的功能要求,建筑空间的面积与容量存在着不同的适宜的范围。例如,一个单人卧室大约需要 8—10 m² 的建筑面积,层高大约为 2.6—3.0 m;一个供 50 人使用的教室大约需要 60 m² 的建筑面积,层高大约为 3.6 m;一个 1000 座的影剧院观众厅则需要大约 800 m² 的建筑面积,层高则需要 10 m 左右才能够满足观演活动的要求。由此可见,建筑空间使用功能的不同决定着空间的尺度大小。

2) 功能决定空间形式

　　同时,建筑空间的形式也受到使用功能的制约。对于某种特定的使用功能,会有适宜的空间形状与之相匹配。以住宅单人卧室为例,应具有适宜的长宽比例来满足床、衣柜等家具放置的要求;以学校的普通教室为例,在同样的建筑面积的条件下,为了获得更好的视听效果,其空间存在着最佳的长宽比;而对于电影院、剧院的观众厅而言,更是要求严格的空间形状以获得高质量的音效和良好的视线与视角,以确保最佳的视听效果,如图3-3-1所示。

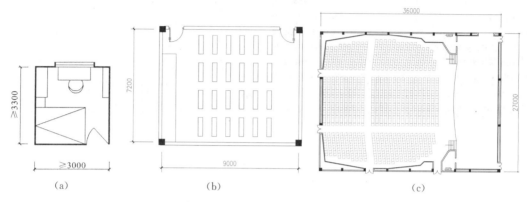

图3-3-1 不同使用功能的空间

(a) 单人卧室;(b) 教室;(c) 影剧院观众厅

3) 功能决定空间特性

这里所指的空间特性主要是日照、通风等。使用功能的不同影响着建筑空间的特性,在中国,住宅、幼儿建筑、病房等对日照条件要求高的房间应尽量置于阳光充足的朝向,例如南向;而美术教室、专业画室、专业绘图室等需要均匀光照的房间则最好置于没有直射阳光的朝向,例如北向。

4) 形式影响功能实现

适当的空间形式能够促成人们积极的活动与行为方式。反之,不恰当的空间形式将会影响空间功能的实现。例如,狭长的走道空间具有强烈的交通空间的特征,有引导人流快速通过的作用,但不利于人们停留及积极的交往行为的发生。如图3-3-2所示,教学楼中的狭长的走道往往成为仅有交通功能的消极空间。而公共建筑中大尺度的共享空间,如门厅、中庭等往往能够促进空间中人们的视线交流、言语交流、行为交流等,促成积极的、高质量的交往行为的发生,如图3-3-3所示。

图3-3-2 某教学楼狭长的走道空间

（a）　　　　　　　　　　　　　　　（b）

图 3 - 3 - 3　包容多样性活动的共享空间

（a）德国柏林索尼中心中庭；（b）美国 UIUC 商学院教学楼中庭

3.3.2　行为与心理

1）行为与空间

建筑空间存在于各种空间界定要素之间,处于建筑空间中的人和空间界定因素之间存在着可以感受和测量的关系,空间中人的行为极大地影响着人们对建筑空间的使用和感受,通常人们所说的空间感受是指随着人在空间中移动的诸多局部感受的总和。建筑为人而建并为人所用,人的行为特点与心理感受是建筑空间设计的重要依据和评判标准。因此,在建筑学的领域中,研究人的行为特点及其对空间的需求就显得十分重要。

人的行为需求形成了特定空间的特征,同时,空间本身也引导或促使人们特定行为的发生。适宜的空间形式可以促成人们积极的行为活动的产生,反之,一些空间形式也可能对人们的行为带来消极的影响。总之,建筑空间的形、量、质应能满足特定使用功能的需求,并应符合人们在空间中的行为习惯。而人们积极的行为活动也能激发空间的活力,提升空间的品质。基于行为与空间的密切的关系,建筑师需要认真观察空间环境中人的行为活动,总结人的行为规律,发现适宜的空间处理方式,分析不当的空间处理方式,为建筑设计提供依据。实际上,对建筑空间中人的行为活动的关注本身也是人性化设计思想的一种体现。图 3 - 3 - 4(a)为在共享空间中休息的人们,图 3 - 3 - 4(b)为芝加哥梅西百货公司圣诞前夕购物的人群。

（1）交往行为与空间距离。

反映人的行为与空间关系的例子很多。例如,在日常生活中人们的交往行为和空间距离有着密切的关系。在同层的情况下,距离越近代表着人们之间的关系越亲密,反之亦然。根据人的交往方式,人际距离可以分为亲密距离、个人距离、社会距离、公共距离。美国人类学家爱德华·T·霍尔在《隐匿的尺度》的一书中定义了一系列的人际距离(见表 3 - 3 - 1),也就是在欧洲及美国文化圈中不同交往形式的习惯距离。

（a）　　　　　　　　　　　　　　　（b）

图 3-3-4　建筑空间中人们的行为

（a）共享空间中休憩的人们；（b）百货公司中圣诞购物的人群

表 3-3-1　人际距离

名称	数值/m	名称	数值/m
亲密距离	0～0.45	社会距离	1.20～3.60
个人距离	0.45～1.20	公共距离	3.60～7.50 或更远的距离

（2）人在空间中的行为规律。

a. 抄近路。在到达目的地的行进过程中，如果不被特定的条件限制的话，人们总是有选择最短路程的行为倾向。因此，在建筑内部空间及其外部环境设计中要分析使用者不同的行为类型，重视空间中交通流线组织的便捷与顺畅。

b. 向光性。人的行为有明显的向光性。一般而言，人有向光亮处移动的行为倾向。因此，住宅多选择主要房间朝南，以获得充足的阳光。又如人们在餐厅就餐时一般会优先选择靠近窗户的座位，因为能够欣赏到室外的风景和人们的活动。

c. 识途性。识途性是大多数人具有的一种本能，在"识途"的过程中，人们依靠嗅觉、听觉、触觉的帮助，借助色彩、形状等各种各样的提示。人的识途能力来自对于外界环境的明确感觉所形成的连贯和组织。任何一个特定的标志或符号都会使观察者产生印象。因此，在建筑空间设计中要充分运用可识别、易于形成印象的标识和空间。

d. 亲水性。水对所有人几乎都有着不可抗拒的吸引力，波光粼粼的水面总是给人带来无比的激动和快乐。水的声音、动感以及扑面而来的清凉气息能够给建筑空间环境增添吸引力。古今中外，人们非常乐于在滨水的区域进行活动，因此，城市中的滨水空间往往具有很强的空间活力。

e. 防卫意识。一般而言,人们感觉视线前方的事物是可以掌控的,而身后的事物则在人眼监视之外,是危险的根源。因此,通常人们在餐厅进餐时,多偏向于选择靠墙的座位,即是为了满足最基本的安全感的心理需求。

　　(3) 关注人们行为方式的变化。

　　随着时代发展与科技进步,人们的生活方式与思想理念不断更新,新的行为方式也不断出现。例如随着中国市民社会的逐渐强大,民主思想的深入人心,市民对于城市公共空间的开放程度以及品质和数量都有了新的要求。以办公建筑为例,网络技术的出现,催生出新的办公模式,许多工作已不需要固定的办公地点,网络使得公共资源得以共享。大空间灵活办公、SOHO(small office home office)等新型办公模式出现。此外,人们日益强调沟通与交流,鼓励积极的交往行为,这使得公共建筑中的公共空间、共享空间日益受到重视。图3-3-5为由英国著名建筑师诺曼·福斯特设计的大伦敦市政厅,其议会大厅上的螺旋坡道对公众开放,公众活动与政治活动在此交织与互动,坡道是独特建筑形式产生的逻辑依据,也标榜着现代民主的真实可见。

(a)　　　　　　　　　　　　　　　　　　(b)

图 3-3-5　英国大伦敦市政厅

(a) 外观;(b) 螺旋坡道

　　2) 心理与空间

　　建筑为人而建,人是建筑空间的使用者。建筑空间与人的行为特点及心理感受密切关联,由此也产生了诸如建筑环境心理学等新兴的交叉学科。

　　人对建筑空间的感受以视觉为主导,还关联着听觉和触觉。人通过感官获得的空间感受还要经过主观因素的过滤和评价,例如个体的意愿、经验、学识及其他因素等,因此,空间的体验包含着人对空间的感受和主观理解(见图3-3-6)[①]。日本建筑师芦原义信也认为,"人与空间的相互关系主要是根据视觉确定的,但作为建筑空间考虑时,则与嗅觉、听觉、触觉也都有关,即使是同一空间,根据风、雨、日照的情况,有时印象也大为不同。"[②]

---

① (德)J·约狄克. 建筑设计方法论[M]. 冯纪忠,杨公侠,译. 武汉:华中工学院出版社,1983.
② (日)芦原义信. 外部空间设计[M]. 尹培桐,译. 北京:中国建筑工业出版社,1985.

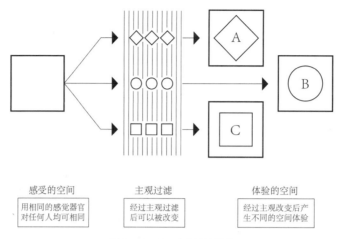

感受的空间	主观过滤	体验的空间
用相同的感觉器官对任何人均可相同	经过主观过滤后可以被改变	经过主观改变后产生不同的空间体验

图 3-3-6　空间的感受

人对空间的感知是有方向性的,即垂直方向、前后方向和左右方向。对重力的感受使人们直接获得垂直方向的感知,即高低的感知。前后方向是一般向前行进的方向,引导人们向前的感觉大大加强了这个水平感知。在前面的一切都是可被监视和控制的,后面则在监视之外,是危险的根源。垂直方向和前后方向形成的人体垂直由左右方向的存在来稳定,使得左右方向的对称性显得非常重要。左右平衡产生了稳定感——这是人类所需要的心理舒适的源泉,也是一切造型艺术的基本法则之一。格式塔心理学的研究成果表明,人的视觉在作用于对象时有一种组织对象的能力。这种能力可以使眼睛在看似众多复杂、毫无秩序的现象面前,分辨出它们的相互关系和构成关系,把原来复杂无序的现象整理为单纯有序的知觉整体,使它从背景中清晰地分离出来,并使它具有完全独立于其构成要素的独特的性质。人容易辨认出简单、平衡和对称式结构,并突出于周围环境,这就是图形为背景所衬托的格式塔关系(见图 3-3-7)。

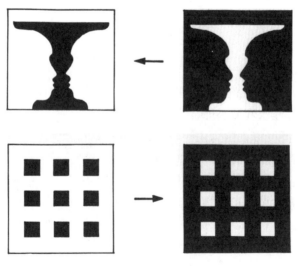

图 3-3-7　图底关系

空间的距离、尺度、色彩、质感、高差、方位等都会对人的心理感受产生影响。以大家熟悉的住宅为例,如果房间狭小局促,可以采用低矮的家具、浅色调的墙面、镜面、透明或镂空的装饰材料等方法来获得相对宽敞的空间感受。与建筑设计有关的色彩知觉心理效应主要有温度感、距离感、重量感、疲劳感、明暗感等。超大尺度的空间往往给人以压抑感,许多宗教建筑、纪念性建筑则往往需要营造这样的氛围,如图 3-3-8 所示。此外,空间几何形式的中心、轴线、焦点等特殊位置因其唯一性可以将空间中的某些群体强调出来并使之特殊化,从而显示出空间中存在的等级差异。占据空间的重要位置通常成为权力的重要表述方式。如北京故宫建筑群中的太和殿位于中轴线以及整个建筑群的中心位置,以空间位置突显出其重要性,如图3-3-9所示。

图 3-3-8　英国约克郡教堂内景

图 3-3-9　北京故宫太和殿

3.3.3　建筑的功能构成

建筑设计是有功能目标的行为,因而有其他的纯粹的艺术形式。建筑应满足一定的使用功能,即要满足使用者的实际需求,为人们的生产和生活活动创造良好的环境。功能是在建筑设计中考虑人的行为的具体表现,满足建筑物的使用功能要求既是建筑设计最基本的要求,也是建筑造型的重要的逻辑依据。建筑一般由三大功能部分组成,即主要功能、辅助功能和交通联系。深入分析这三者之间的联系有助于建筑师厘清建筑中复杂的空间关系,找出适宜的空间组合的规律。

1)主要功能与辅助功能

建筑的主要功能和辅助功能是相对而言的。例如,对于电影院、剧院等观演建筑而言,观众厅无疑是其核心功能内容,而其前厅部分,即门厅、休息厅、售票厅等则是辅助功能;对于图书馆而言,阅览室无疑是其主要功能空间,藏书库、借书处、办公室、卫生间等则属于辅助功能部分。对于一栋教学楼而言,教室是反映建筑功能特征的房间,即主要功能,卫生间、储藏室等是建筑的非主要使用功能房间,即辅助功能,走廊和楼梯作为交通联系的空间,将主要功能空间和辅助功能空间联系成为一个整体,如图3-3-10所示。虽然建筑的辅助功能的重要性较低,居于次要地位,但从建筑的使用要求出发,主要功能与辅助功能应该布局紧凑合理、有机联系,这样才能保证整个建筑的高效使用。辅助功能的配置如不合理,将直接影响整个建筑空间的质量与使用效率。

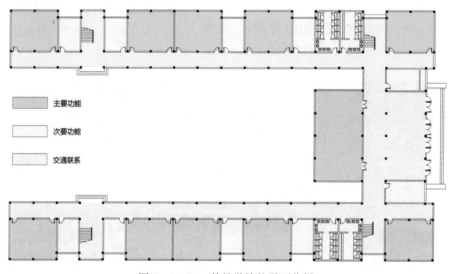

图3-3-10　某教学楼的平面分析

2)交通联系

通常把建筑出入口、通道、过厅、门厅、楼梯、电梯、自动扶梯等称为建筑的交通联系空间。无论是建筑的主要功能与辅助功能之间,辅助功能与辅助功能之间,不同标高的楼层之间,室外与室内,都离不开交通联系。一座建筑是否能被高效地使用,除了需要充分考虑主要功能空间与辅助功能空间的布局是否恰当以外,还应重视主要功能空间、辅助功能空间与交通空间之间的配置关系是否合理。

(1)水平交通。

建筑的水平交通一般指建筑物的过道、过厅、通廊等。水平交通应与建筑整体空间紧凑布局,流线组织通畅便捷,具备良好的采光与通风条件。水平交通的空间尺度应根据具体的功能需要、防火规范以及空间感受来确定。如图3-3-11所示。

（a） 　　　　　　　　　　　　　　　（b）

图 3 - 3 - 11　水平交通

（a）走道；（b）自动步道

（2）垂直交通。

建筑的垂直交通一般指楼梯、坡道、电梯和自动扶梯，如图 3 - 3 - 12 所示。作为建筑空间的竖向联系手段，垂直交通的位置、数量，应该根据功能要求和防火规范布局在交通枢纽

（a）　　　　　　　　　　　　　　　（b）

（c）　　　　　　　　　　　　　　　（d）

图 3 - 3 - 12　垂直交通

（a）楼梯；（b）楼梯；（c）自动扶梯；（d）坡道

或交通枢纽的附近,才能发挥其在垂直方向快速疏散人流的作用。此外,建筑的垂直交通因其体量与造型的特殊,常成为建筑空间造型处理的积极因素。图 3-3-13 为常见的几种楼梯形式。

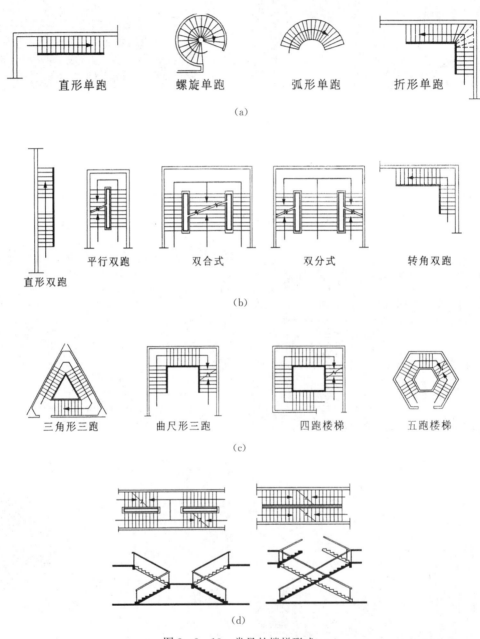

图 3-3-13　常见的楼梯形式

(a) 单跑楼梯;(b) 双跑楼梯;(c) 三跑及多跑楼梯;(d) 剪刀楼梯与交叉楼梯

（3）交通枢纽。

交通枢纽的设置主要是考虑到建筑空间中人流的集散、人流方向的转换、空间的过渡以及与通道、楼梯等空间的衔接，有时需要设置门厅、过厅等空间形式来起到交通枢纽与空间过渡的作用。例如公共建筑的主入口，是人流汇集的场所，也是空间环境处理的重点。公共建筑的门厅除了要考虑人流集散的因素外，还应根据公共建筑的性质，设置一定的辅助功能。同时，门厅作为建筑的主要入口，也有视觉艺术审美的要求，如图 3－3－14 所示。

（a）　　　　　　　　　　　　　　　　　（b）

图 3－3－14　交通枢纽

（a）丹佛公共图书馆门厅；（b）UIUC 建筑馆中庭

3.3.4　建筑的功能布局

3.3.4.1　功能关系

建筑的功能关系是指按照不同类型建筑各自的使用要求来进行空间的组织。这里的功能关系实质上是指建筑空间的逻辑关系，反映出了特定类型的建筑空间之中人的行为活动的合理顺序以及各种行为活动类型的关联程度等。图 3－3－15 为几种建筑类型的功能关系图。

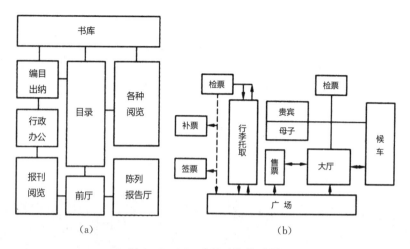

图3-3-15 建筑功能关系图

(a) 图书馆功能关系图；(b) 火车站功能关系图

3.3.4.2 功能分区

建筑设计除了应考虑空间的使用性质之外，还应探讨功能分区的问题。实际上，当建筑的功能组成比较复杂的情况下需要根据不同的活动特点把空间按照不同的功能要求进行分类，并根据它们之间的密切程度按区段加以划分，使得建筑的功能分区明确且交通联系便捷。例如对主与次、内与外、动与静、洁与污等关系进行分析，对不同使用要求的空间进行合理配置，也就是通常所说的动静分区、内外分区、洁污分区等。

1) 主次分区

以电影院、剧院等观演建筑为例，其观众厅是其主要功能空间，其空间形式、构造要求、设施设备等都有特殊的较高的要求，例如观众厅的空间高度通常在8m以上，空间形式与辅助使用功能之间有很大的差异。因此，影剧院建筑通常将观众厅与辅助空间分区设置，这样既保证了主要功能空间的使用，同时也便于对辅助空间的高效利用，如图3-3-16所示。

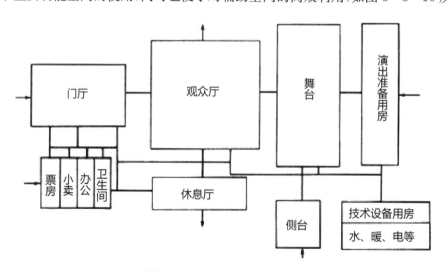

图3-3-16 剧院功能关系图

2）动静分区

以文化馆建筑为例,其建筑空间中的活动可以分为集中活动、分散活动、分组专业活动、行政办公活动等四类。多功能活动厅属于人流集中活动的空间,需要考虑对其他安静类活动的影响以及便捷的交通疏散条件,因此常将其设于建筑入口附近。健身、舞蹈、游艺等属于分散活动类型,会产生一定的声音,要考虑其不能对书法、美术、棋类等需要安静环境的分组专业活动产生不良影响。因此,空间应该合理分区,从而避免不同性质活动之间的相互的干扰和流线的交叉影响,如图 3-3-17 所示。

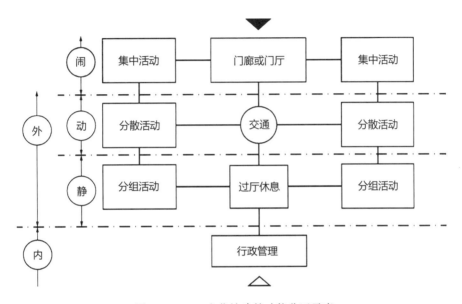

图 3-3-17　文化馆建筑功能分区示意

3）内外分区

这里主要是指空间的开放程度的差异。例如文化馆建筑中,大多数空间是对公众开放的,多功能厅、健身、游艺等活动用房的空间开放程度较高,而行政办公则是单位内部的活动,一般不对公众开放。因而要合理组织流线,内外分区,保证内部办公用房的安静和空间私密性,避免外部人流影响正常的行政办公。又如住宅中的主人卧房及书房等是私密性较强的空间,而客厅、餐厅等则是相对较开放的空间,如图 3-3-18 所示。

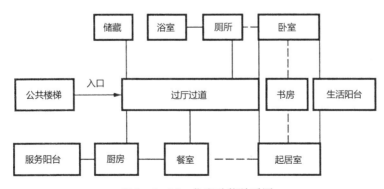

图 3-3-18　住宅功能关系图

4）洁污分区

对于有卫生要求的建筑,例如医院建筑,其空间的洁污分区是十分重要的,因为不同流线的设置可以避免医疗垃圾造成的污染。这不仅是保持空间环境卫生、防止疾病传染的需要,也是人们心理健康的需要,如图 3-3-19 所示。又如餐饮建筑,相关规范严格规定,其生食的流线与熟食的流线不能相互交叉,需要进行严格分区,是为了保证食品卫生的要求。同时,规范还规定餐厅里顾客的流线与食品加工的流线也不能相互交叉,目的也是为了确保食品的卫生以及就餐环境的卫生,如图 3-3-20 所示。

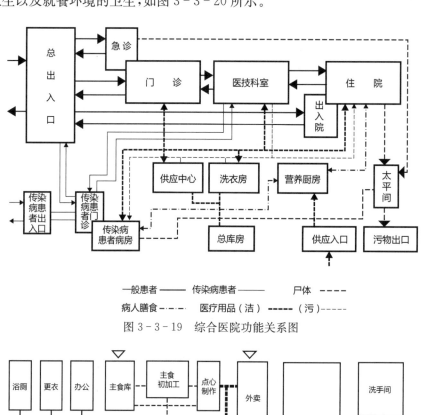

图 3-3-19 综合医院功能关系图

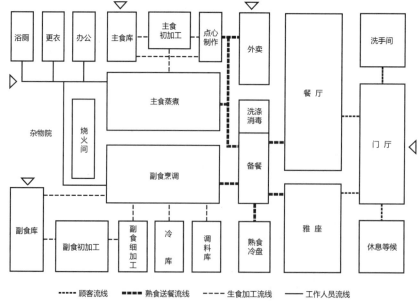

图 3-3-20 餐饮建筑功能关系图

思考题

（1）建筑空间的定义是什么？

（2）建筑空间的类型可以分为哪几种？

（3）建筑空间的竖向界定要素与水平界定要素各有哪些？

（4）建筑空间的组合形式主要有哪几种？

（5）建筑空间的组合手法主要有哪几种？

（6）建筑空间中的比例与尺度含义有什么不同？

（7）建筑的真实尺寸和尺度有什么区别？

（8）色彩与质感的合理配置在建筑空间中能起到什么作用？

（9）建筑的主要的功能组成有哪些？

（10）建筑的功能与空间的形式有何联系？

（11）建筑空间中的交通联系主要有哪些？

（12）根据个人的生活经验，人们在居住建筑空间中的行为规律及心理感受有哪些？

（13）试图示分析你所在校园中某建筑的空间类型、组合形式以及其功能构成。

作业指示书

作业三：单一空间设计——"我的家"

一、作业内容

设计者首先为业主假定一个社会角色,例如建筑师、画家、运动员等,根据其职业特点、活动特点和性格喜好,在 6 m×6 m×6 m 的立方体内,创造出适宜的生活起居空间。合理划分建筑内部的各功能空间(卧室、起居室、书房、卫生间、厨房、餐厅等),布置空间内的门、窗、楼梯、家具、装饰物等,并进行色彩设计。基地范围为 10 m×10 m,可假定基地内的水体、坡度等多种自然环境条件。

二、作业要求

通过练习,让学生熟悉人体基本尺度与建筑空间的关系,分析空间中各种活动方式,创造富有个性的空间形式,研究室内外空间的特征与联系,了解空间设计的基本原理,确定单元空间的平面、立面、剖面尺寸,掌握建筑立面、剖面的正确表达,了解图纸表现与模型制作的方法。

三、成果形式

1) 实体模型

实体模型比例 1:30,采用硬质底板,材料不限,附手绘表现图纸。

2) 手绘图纸

图纸规格：A2(420 mm×594 mm)。

图纸签名：签名统一写在图纸右下角,排成一行,依次为班级、学号、学生姓名、指导教师、成绩 5 项,字体为 10 mm×10 mm 等线体。

图纸内容：

平面图 1:50,2 个。

立面图 1:50,2 个。

剖面图 1:50。

分析图及必要文字说明。

四、进度安排

时间共 16 课时,4 周(4 课时/周)。

第 1 周——设计原理讲解、收集设计资料；

第 2 周——讨论第 1 次设计草图；

第 3 周——讨论第 2 次设计草图、制作实体模型；

第 4 周——深化修改图纸和模型,提交设计成果。

附表 1　住宅中不同洁具组合与使用面积规定

洁具组合	件数	使用面积/m²	备　注
便器、洗浴器、洗面器	3	4	—
淋浴器、便器	2	2.5	—
便器、洗面器	2	2	—
单设便器	1	(1.35)1.1	括号内表示厕间门内开时的使用面积
单设淋浴器	1	1.2	—

附图　常用卫生间平面布置

第4单元　小建筑设计

4.1　建筑方案设计

中国目前的建筑设计过程被划分为不同阶段,主要包括方案设计、初步设计和施工图设计三个阶段。建筑设计过程的阶段化便于各个工种之间的配合以及建筑设计周期的控制,也有利于项目的组织与管理。在建筑设计的不同阶段,建筑师运用不同的方法来解决面临的问题。除了设计前期的准备工作之外,建筑方案设计是建筑设计过程中的第一步,也是最为关键的环节。在这一环节中,建筑师将依据设计条件提出试探性的解决方法,例如空间形式的建构、结构形式的初步设想等。建筑师的设计思想和理念将被逐渐确立并形象化与具体化。建筑方案设计对整个建筑设计过程所起的作用是开创性的和指导性的,建筑方案设计的思想和理念将延续整个建筑设计过程,是后续几个阶段工作的基础,并且还将继续影响着建筑的后续使用过程。

4.1.1　建筑方案设计的内容

通常,建筑方案设计的内容需要通过图示语言表达出建筑与场地的关系,使用功能的组织关系、空间组合的方式以及建筑的外观造型等,主要包括:场地的总体布局、建筑物的功能布局、外观设计和空间设计四个部分。图4-1-1为某高校学生活动中心的方案设计图纸。

1) 场地布置

场地布置的主要内容有:布置场地的出入口;进行场地内的交通组织(车行、人行、机动车停车、非机动车停车);进行建筑物及其外部空间(广场、庭院等)布局;进行绿化景观设计等(详见本书第二章)。在建筑方案设计成果中,总平面图是场地布置的具体表达形式(见图4-1-1)。

2) 功能布局

建筑功能布局的主要内容有:根据使用要求和特点布置建筑的主要功能、辅助功能及交通联系。合理进行功能分区以及建筑中各种流线的组织(详见本书第三章)。在建筑方案设计成果中,各层平面图是功能布局的具体表达形式(见图4-1-2)。

3) 空间设计

建筑空间设计的主要内容有:建筑内部的空间组织形式,例如空间的界定方式,空间形状与围合程度,空间的比例与尺度,多个空间的组合方式以及不同空间之间的衔接与过渡

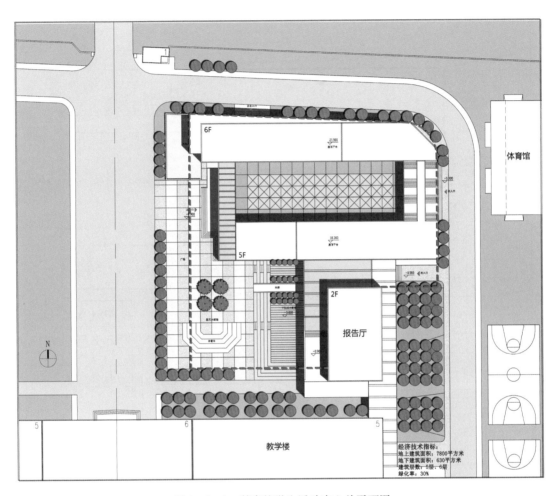

图 4-1-1　某高校学生活动中心总平面图

等。在建筑方案设计成果中,主要剖面图和室内空间的三维效果图是具体的表达形式(见图
4-1-3~图 4-1-4)。

　　4)外观设计

　　建筑外观设计的主要内容有:建筑外观的材质与色彩的选择,虚实的对比,比例与尺度
的推敲,建筑细部设计等。在建筑方案设计成果中,各向立面图和三维效果图是建筑外观设
计的具体表达形式(见图 4-1-5~图 4-1-6)。

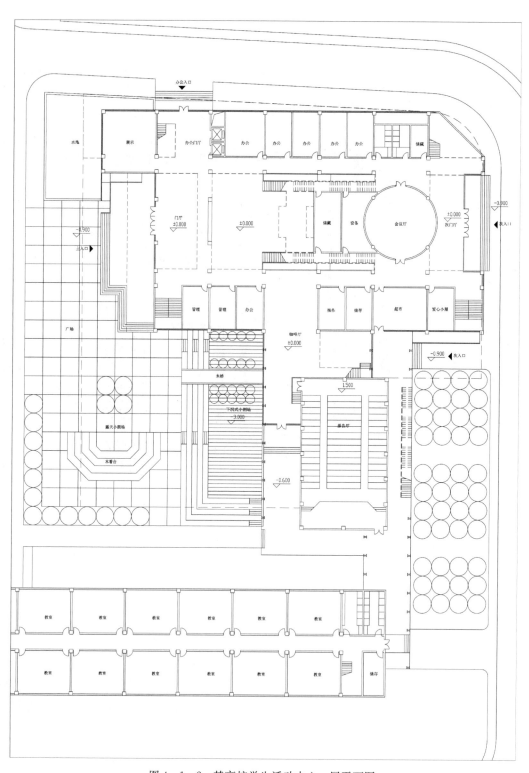

图 4-1-2 某高校学生活动中心一层平面图

图 4-1-3　某高校学生活动中心外观效果图

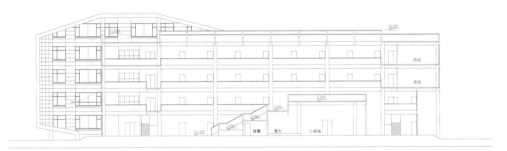

图 4-1-4　某高校学生活动中心剖面图

图 4-1-5　某高校学生活动中心入口效果图

图 4-1-6 某高校学生活动中心局部效果图

4.1.2 建筑方案设计的步骤

通常建筑方案设计的步骤主要可以分为四个阶段，即：设计前期、设计创意、方案表达、深化与修改，各阶段需要提交不同形式与深度的工作成果，如表 4-1-1 所示。

表 4-1-1 建筑方案设计步骤及成果

阶段	设计前期	设计创意	方案表达	深化与修改
成果形式	资料收集与分析整理、现场踏勘	设计草图、工作模型	图纸、模型、动画视频等	图纸、模型、动画视频等

1）前期准备

（1）设计任务书解读。

设计任务书是建筑方案设计的指导性文件。设计任务书对建筑方案设计工作提出了明确的要求、条件、规定以及必要的设计参数等。设计任务书的主要内容包括项目名称、立项依据、规划要求、用地环境、使用对象、设计标准、房间内容、工艺资料、投资造价、工程相关参数及其他要求。解读设计任务书的目的在于对项目设计条件进行分析，明确建筑的功能要求、空间特点、环境特点、经济技术因素等。对设计任务书的充分解读有助于建筑师目标明确地进行工作。

（2）设计信息的收集。

设计任务书只是建筑设计信息的一部分，在充分解读设计任务书的基础之上，还应掌握更加全面的设计第一手资料，获得更充足的设计依据。设计信息收集的途径很多，主要包括实例调研、咨询业主、问卷调查、现场踏勘、调查研究、阅读文献、研究规范、案例分析等。

（3）设计条件的分析。

a. 外部设计条件分析。外部设计条件分析主要指对建筑方案设计的宏观背景的分析，主要包括对项目当地的历史文化、经济条件、技术条件、气候条件的综合分析，还包括对项目的城市区位、交通设施、基础设施、区域未来发展规划等外部条件的分析。充分分析外部设计条件的利与弊,能够为后续的建筑方案设计工作提供直接的依据。

b. 内部设计条件分析。内部设计条件是由里及外制约设计走向的因素,它决定建筑的功能布局原则、空间组织方式、形体构成形式等。内部设计条件分析主要侧重于对功能的分析和对技术要求的分析,通常包括基地分析和建筑功能分析两个部分。基地分析主要包括对基地的周边状况(建筑、道路等)、现状、地形地貌、地质、朝向、城市规划法规(用地性质、用地界限、周边红线退界要求、日照间距、容积率、绿化率等)、景观资源等的分析。而建筑功能分析则是指根据设计任务书提出的功能需求,绘制出建筑的功能关系图式,并根据具体设计要求进行深入系统的分析。

(4)设计案例的分析。

设计案例的分析通常有两种方式,一种是进行实例调研,即针对性质与规模相似的已建成项目的实地考察,以获得现场的直观体验;另一种是进行资料分析,即通过查阅图书、文献收集同类型建筑的设计资料,以寻求经验作为创新的基础与依据。

2)设计创意

"一座建筑的设计过程是一段未知的旅途,它起始于一个概念……在设计过程中,十分重要的一点是设计的主导概念要一直坚持下去,任何决定都不应该破坏概念的完整性。"[①]

设计创意即是确定建筑方案创作的主题与概念。设计创意影响着建筑设计的发展方向,传递着建筑设计的深层次的思想内涵。一个优秀的设计创意往往能令建筑设计作品脱颖而出,就如同优秀的文学作品一般能够打动人心。优秀的设计创意都是建筑师对项目进行了全面、深入、细致的调查研究后的结果,是建筑师对创造对象的文化、环境、功能、形式、经济、技术等方面的综合的、深度的提炼,而绝非凭空想象或闭门造车。

设计创意阶段的工作成果主要是建筑设计草图。建筑设计草图的特点是开放性和不确定性,即探索多种不同的解决方案,是关于建筑的整体性的思考。建筑设计草图的实质是一种图示语言与图示思维,它将不确定的、模糊的意象变为视觉可以感知的图形。设计灵感的产生往往是在图示思维的过程中偶然闪现,并成为建筑设计创意的起点。图示语言表达出来的形象包含了不同层次的视觉思维的表达,可作为评价、比较、交流、修改设计的依据与基础,成为建筑创作过程最好的记录方式,如图4-1-7所示。世界上许多著名的建筑设计作品,往往是建筑师用草图这种图示语言的形式捕捉到了瞬间即逝的灵感。例如美籍华裔建筑设计大师贝聿铭在接受了华盛顿国家美术馆东馆的创作任务之后,正是在回纽约的飞机上,以建筑设计草图的形式将设计灵感记录在了一个信封的背面,才成就了这座以三角形构图的经典之作,如图4-1-8(a)所示。上海博物馆是我国建

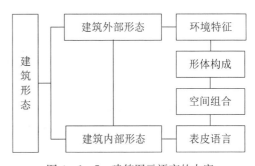

图4-1-7　建筑图示语言的内容

① (英)洛兰·法雷利. 建筑设计基础教程[M]. 大连:大连理工大学出版社,2009.

筑设计大师邢同和的代表作品,在设计构思之初,设计者得益于我国古代"天圆地方"的灵感,受之启发并将之成功转换为建筑的语汇,创造出了具有深厚文化意蕴、形象新颖独特的佳作,如图4-1-8(b)所示。又如,由著名建筑师伦佐·皮阿诺设计的芝贝欧文化中心,其灵感来源于当地的村落聚居文化以及树枝棚建筑形式,如图4-1-8(c)所示。

(a)

(b)

(c)

图4-1-8　建筑构思草图

(a) 华盛顿国家美术馆东馆;(b) 上海博物馆;(c) 芝贝欧文化中心

3）方案表达

　　建筑方案表达即是将建筑设计创意发展成为承载着具体功能与行为的"形式"，并通过图纸、模型（实体模型或计算机虚拟三维模型）、三维动画、视频等形式与手段表达出来。建筑方案表达的内容主要有：建筑的总平面图、各层平面图、主要立面图、剖面图、彩色效果图、实体模型、文字说明等。方案表达阶段的工作成果主要是设计图纸、文本、模型、动画、视频等。图 4-1-9 为某厂区大门值班室的方案设计图纸。

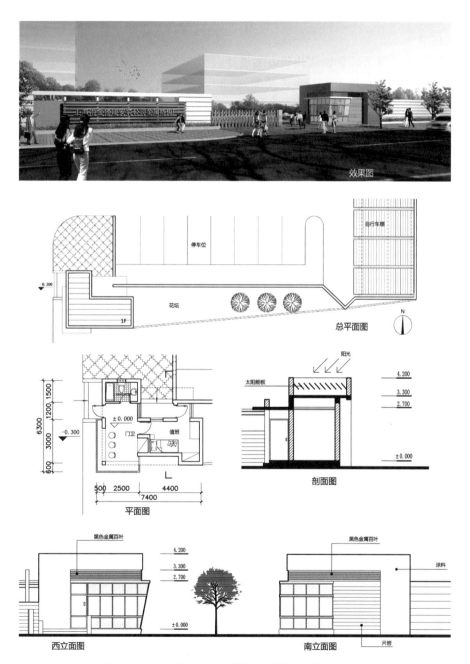

图 4-1-9　某厂区大门值班室的建筑方案设计图纸

4) 修改深化

建筑方案设计的过程是一个动态的图示思维表达的过程,建筑师在此过程中常常需要根据实践中出现的问题不断地进行设计方案的比选、调整与优化,以寻求更好的解决方案,直至拿出最终的设计成果。如图 4-1-10 为建筑方案设计实践过程。

图 4-1-10　建筑方案设计实践过程

5) 案例演示

设计任务:南方某公园餐饮店建筑方案设计。

设计内容:建筑面积约 40 m²,主要功能:营业厅、备餐间、外卖窗口、收银台等。

设计成果:总平面图 1∶100;平面图 1∶50;立面图 1∶50;剖面图 1∶50;透视图,如图 4-1-11所示。

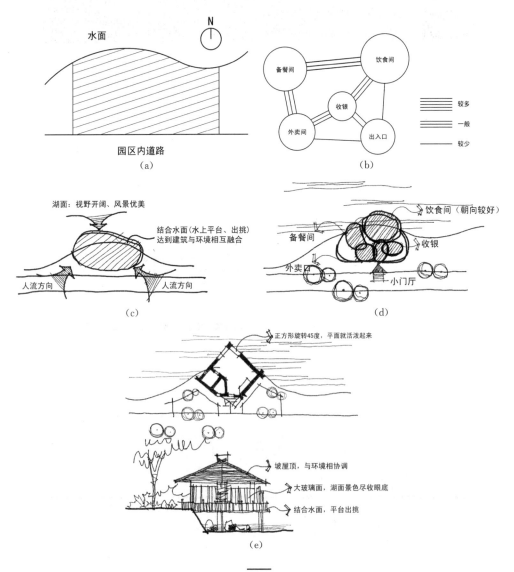

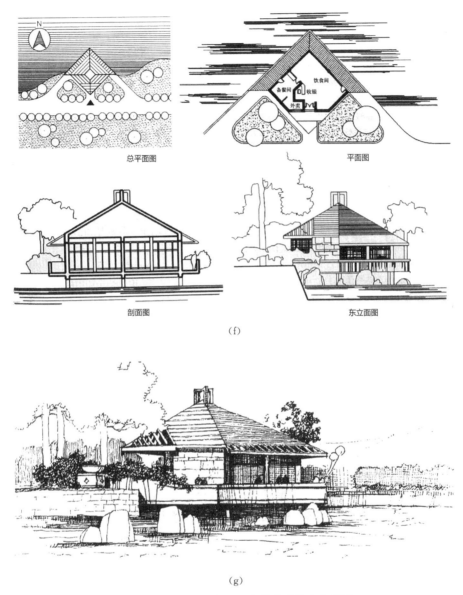

图 4-1-11 南方某公园餐饮店建筑方案设计

（a）地形图；（b）功能分析；（c）场地分析；（d）平面功能关系；
（e）平面及立面构思草图；（f）建筑方案设计图纸；（g）透视图

4.1.3 建筑方案设计的方法

建筑方案设计是建筑设计全过程的重要环节，它具有开创性、探索性、基础性等特点。但是，建筑方案设计的方法至今并无定论，从建筑模型出发，从设计理念出发或者从设计草图出发均有倡导者。时代在发展，科技在进步，建筑方案设计的方法也在与时俱进，尤其是在信息化和网络化的当今社会，计算机辅助设计技术的广泛运用为建筑方案设计提供了不断更新的手段和途径，极大地冲击着传统的建筑方案设计方法。可以说目前建筑方案设计的方法多种多样,这也反映出当今社会多元化的思想及理念。建筑方案设计的方法与建筑师的思想与理念以及项目的各种外部条件密切关联。根据建筑师进行方案创作时的关注点及切入点不同,可将建筑方案设计的方法归纳为功能设计论、环境设计论、形态设计论、手法设计论、行为设计论、结构设计论、材料设计论以及表皮设计论等八种主要的类型(见图4-1-12)。

　　1）功能设计论

　　功能设计论是指从分析建筑物的使用功能出发进行建筑方案设计的创作方法。例如理性的现代主义建筑强调建筑的功能与空间的逻辑关系,建筑形式应反映建筑功能,并表现功能,建筑的平面布局以及空间组合需以基本功能为依据,注重建筑的经济性与实用性,主张摒弃多余的装饰。例如由现代主义大师法国建筑师勒·柯布西耶设计的萨伏耶别墅,该建筑采用简洁的形体与白色的外墙,底层架空,水平带状的长窗,整个建筑强调功能的逻辑关系,没有任何多余的装饰,如图4-1-12(a)所示。

　　2）环境设计论

　　环境设计论是指从分析建筑物与周边环境的关系及影响入手进行建筑方案设计的创作方法。例如把基地环境中的光线、水体、绿化景观等作为建筑创作的切入点。另一位现代主义大师美国建筑师弗兰克·劳埃德·赖特设计的位于匹兹堡的流水别墅,其设计理念源自流经基地的一条小溪。建筑师将溪流引入到建筑空间之中,让潺潺流水声成为了建筑空间的有机组成元素。又如,日本著名建筑师安腾忠雄设计的水之教堂,建筑师采用了大片玻璃外墙,直接把优美的水景作为了建筑空间的重要元素,从而消解了建筑与自然环境之间的界限,如图4-1-12(b)所示。

　　3）形态设计论

　　形态设计论是指以形态构成的原理和方法为基础,从建筑物的造型及主要空间形式出发进行建筑方案设计的创作方法。形态设计论比较注重建筑形态对人的视觉及心理的冲击力。这一类型的实例很多,例如由法国著名建筑师保罗·安德鲁设计的中国国家大剧院,这座漂浮在大片水面上的由钛金板与玻璃拼接而成的巨大椭球形观演建筑给人以极大的视觉冲击力,建筑形象简洁纯净,令人印象深刻,如图4-1-12(c)所示。

　　4）手法设计论

　　手法设计论是指借助现有的科学技术手段或者哲学理念进行建筑方案设计的创作方法,例如解构主义建筑,它在设计手法上惯用倾斜、扭曲、断裂、穿插、错位等一系列的手法,旨在创造出极具视觉冲击力又充满复杂性、矛盾性及不确定性的建筑形象。例如由著名的解构主义大师彼得·埃森曼设计的美国韦克斯纳艺术中心,该建筑采用了错位、穿插等手法,建筑外白色的金属架象征着脚手架,建筑师以此来表达未完成、不确定的解构主义意味,如图4-1-12(d)所示。

　　5）行为设计论

　　行为设计论是指运用环境心理学的研究成果,从分析人在建筑空间中的行为与心理特征出发进行建筑方案设计的创作方法。行为设计论高度关注人在建筑空间环境中的行为与心理的需求,这种创作方法实质上表达了一种人文关怀与人性化的设计理念。例如由著名的荷兰建筑师雷姆·库哈斯设计的波尔多住宅,其室内坡道的设置以及外墙面独特的开窗形式与位置正是依据使用轮椅的主人的行为特征与心理需求,表达了对空间使用者的关注与尊重,如图 4-1-12(e)所示。

6）结构设计论

结构设计论是指从建筑结构的本身的美感出发进行建筑方案设计的创作方法。例如西班牙建筑师圣地亚哥·卡拉特拉瓦,建筑师与工程师的双重身份使他对建筑结构与建筑美学的互动有着精准的掌控能力,他认为建筑的美能够通过力学的工程设计表达出来。例如由他设计的法国里昂火车站,该建筑主结构采用跨度 120 m、高度 40 m 的钢拱结构,结合钢桁架、支撑等多种结构形式,设计师将结构形式本身具有的美感充分地展示出来,塑造了独特的建筑形象,如图 4-1-12(f)所示。

7）材料设计论

材料设计论是指从建筑材料的特征出发进行的建筑创作。例如现代主义大师密斯·凡·德罗的作品中对玻璃与钢的完美诠释,如他的设计作品范斯沃斯住宅、西格拉姆大厦等。又如新近获得普利策奖的中国建筑师王澍也表达出了对具有地域特征和文化内涵的建筑材料的高度关注,例如由他设计的宁波博物馆、中国美术学院象山校区教学楼等,均采用了当地的地方性建筑材料,旨在表达建筑的地域特征及文化内涵,尊重历史文脉,如图 4-1-12(g)所示。

8）表皮设计论

建筑表皮指建筑外围承担隔绝气候和保护内部空间的表层维护系统。表皮设计论是指从建筑表皮的技术与艺术特征出发进行建筑创作方法。艺术化、技术化、图像化等是当今建筑表皮的发展趋势。由极少主义设计大师赫尔佐格 & 德梅隆设计的北京奥运会主体育场,建筑师将建筑的结构体系完全暴露在外,结构组件相互支撑,形成了网格状的构架,从而赋予了建筑表皮技术化的特征,形成了非常独特的视觉效果,使建筑具有了强烈的标志性,如图 4-1-12(h)所示。

(a)　　　　　　　　　　　　　　　　(b)

图 4-1-12 采用不同建筑设计方法的代表建筑师及其代表作品

(a) 萨伏伊别墅(勒·柯布西耶);(b) 水之教堂(安藤忠雄);(c) 中国国家大剧院(保罗·安德鲁);
(d) 韦克斯纳艺术中心(彼得·埃森曼);(e) 波尔多住宅(雷姆·库哈斯);
(f) 法国里昂火车站(圣地亚哥·卡拉特拉瓦);(g) 中国美术学院象山校区(王澍);
(h) 鸟巢——北京奥运会主体育场(赫尔佐格 & 德梅隆)

4.1.4 建筑方案设计的表达

建筑方案设计的表达主要指建筑方案设计阶段需要提交的成果的表达。建筑方案设计是一种设计创意,任何优秀的设计创意最终都需要通过图示语言来进行表达与呈现,例如图纸绘制、模型制作、综合表达等。

1）图纸绘制

（1）内容与深度。

a. 总平面图。

作用：表达设计项目与环境条件结合的方式与程度以及基地内环境设计的内容。

内容：

① 场地的区域位置；

② 场地的范围（用地和建筑物各角点的坐标或定位尺寸、道路红线）；

③ 场地内及四邻环境的反映（四邻原有及规划的城市道路和建筑物，场地内需保留的建筑物、古树名木、历史文化遗存、现有地形与标高，水体，不良地质情况等）；

④ 场地内拟建道路、停车场、广场、绿地及建筑物的布置，并表示出主要建筑物与用地界线（或道路红线、建筑红线）及相邻建筑物之间的距离；

⑤ 拟建主要建筑物的名称、出入口位置、层数与设计标高，以及地形复杂时主要道路、广场的控制标高；

⑥ 图名、指北针或风玫瑰图、比例或比例尺。

b. 平面图。

作用：表达设计项目所有房间在水平与竖向上的配置方式及相互之间的联系。

内容：

① 尺寸标注：建筑平面的总尺寸、开间与进深的轴线尺寸或柱网尺寸（也可以用比例尺表示）；

② 建筑物的各个出入口；

③ 结构受力体系中的柱网、承重墙位置；

④ 各主要使用房间的名称；

⑤ 各楼层地面标高、屋面标高；

⑥ 楼梯、电梯等竖向交通联系；

⑦ 门窗的位置及开启方式；

⑧ 室内停车库的停车位和行车线路；

⑨ 底层平面图应标明剖切线位置和编号，并表示指北针；

⑩ 必要时绘制主要用房的放大平面和室内家具与洁具的布置；

⑪ 图名、比例或比例尺。

c. 立面图。

作用：表达建筑外观的式样、材质、色彩、细部装饰等综合艺术效果，体现建筑造型的特点。

内容：

① 选择绘制最具有代表性的主要立面；

② 表达投影方向可见的建筑外轮廓线和墙面线脚、构配件、墙面做法等；

③ 标注各主要部位和最高点的标高或主体建筑的总高度；

④ 当与相邻建筑（或原有建筑）有直接关系时，应绘制相邻或原有建筑的局部立面图；

⑤ 图名、比例或比例尺。

d. 剖面图。

作用:表达设计项目的内部空间形态与变化、外部形体的高低起伏以及结构构成的逻辑性和重要节点的构造样式。

内容:

① 剖切面应选在建筑空间关系比较复杂或最能反映出建筑空间特点的部位;

② 表达剖切面和投影方向可见的建筑构造、建筑构配件等;

③ 标注各层标高及室外地面标高,室外地面至建筑檐口(女儿墙)的总高度;

④ 若遇有高度控制时,还应标明最高点的标高;

⑤ 图名、剖面编号、比例或比例尺。

e. 分析图。

作用:以图示形式表达建筑方案设计的理念与特点。

内容:通常根据表达重点的不同,可分为交通流线分析图、功能分区分析图、景观视线分析图等。

f. 彩色效果图。

作用:表达真实的场景,帮助人们对设计项目的外观形象和内部空间有一个直观的认识。

内容:虚拟的各个角度的建筑空间实景呈现,表达建筑的尺度与比例、色彩与质感,重点表达富有特色的建筑空间及细部设计。

(2) 图例与图示。

a. 线型要求。

图线标准如表 4-1-2 所示。

表 4-1-2　图线标准(《建筑制图标准》GB/T 50104—2010)

名称	线型	线宽	用　　途
粗实线	——————	b	① 平、剖面图中被剖切的主要建筑构造(包括构配件)的轮廓线; ② 建筑立面图或室内立面图的外轮廓线; ③ 建筑构造详图中被剖切的主要部分的轮廓线; ④ 建筑构配件详图中的外轮廓线; ⑤ 平、立、剖面图的剖切符号
中实线	———————	0.5b	① 平、剖面中被剖切的次要建筑构造(包括构配件)的轮廓线; ② 建筑平、立、剖面图中建筑构配件的轮廓线; ③ 建筑构造详图及建筑构配件详图中的一般轮廓线
细实线	———————	0.25b	小于 0.5b 的图形线、尺寸线、尺寸界线、图例线、索引符号、标高符号、详图材料做法引出线等
中虚线	— — — — —	0.5b	① 建筑构造详图及建筑构配件不可见的轮廓线; ② 平面图中的起重机(吊车)轮廓线; ③ 拟扩建的建筑物轮廓线
细虚线	- - - - -	0.25b	图例线、小于 0.5b 的不可见轮廓线

（续表）

名称	线型	线宽	用　途
粗单点长划线	—·——·——	b	起重机(吊车)轨道线
细单点长划线	—·——·——	0.25b	中心线、对称线、定位轴线
折断线	——⁄——	0.25b	不需画全的断开界线
波浪线	～～～	0.25b	不需画全的断开界线 构造层次的断开界线
注:地平线的线宽可用1.4b			

b. 尺寸标注。

尺寸标注包括:尺寸界线、尺寸线、尺寸起止符号和尺寸数字。尺寸界线应用细实线绘制,一般应与被注长度垂直,其一端应离开图样轮廓线不小于2 mm,另一端宜超出尺寸线2—3 mm。图样轮廓线可用作尺寸界线。尺寸线应用细实线绘制,应与被注长度平行。图样本身的任何图线均不得用作尺寸线。尺寸起止符号一般用中粗斜短线绘制,其倾斜方向应与尺寸界线成顺时针45°角,长度宜为2—3 mm,如表4-1-3所示。

表4-1-3　尺寸的表达

图例	说明	图例	说明
尺寸起止符号　尺寸数字　尺寸界线 6050 尺寸线	尺寸标注包括:尺寸界线、尺寸线、尺寸起止符号和尺寸数字	≥2 2~3	尺寸界线应用细实线绘制,一般应与被注长度垂直,其一端应离开图样轮廓线不小于2 mm,另一端宜超出尺寸线2~3 mm
16 10 32	尺寸数字应写在尺寸线的中间,位于水平尺寸线的上方,或位于铅直尺寸线的左方	25 5	不能用尺寸界线作为尺寸线
10 20	长尺寸在外,短尺寸在内	800 200 1500 200 200	尺寸界线之间距离狭窄时,尺寸数字可注于尺寸界线外侧,或上下错开,或用引出线引出再标注

c. 图纸比例。

图纸常用比例如表 4 - 1 - 4 所示。

表 4 - 1 - 4　常用比例

图　名	比　例
建筑物或构筑物的平面图、立面图、剖面图	1：50、1：100、1：150、1：200、1：300
建筑物或构筑物的局部放大图	1：10、1：20、1：25、1：30、1：50
配件及构造详图	1：1、1：2、1：5、1：10、1：15、1：20、1：25、1：30、1：50

d. 标高符号。

标高符号应以直角等腰三角形表示,用细实线绘制。标高数字应以米为单位,注写到小数点以后第三位。在总平面图中,可注写到小数点以后第二位,如表 4 - 1 - 5 所示。

表 4 - 1 - 5　标高的表达

符　号	说　明
≈3 mm ⟍45°	标高符号应以直角等腰三角形表示
5.250 ▽ / 5.250	用于立、剖面左边标注
5.250 ▽ / 5.250	用于立、剖面右边标注
±0.000 ▽	楼地面平面图上的标高符号
9.600 6.400 3.200 ▽	同一位置需表示几个不同标高时
≈3 mm ▼45°	室外整平标高

e. 剖切符号。

剖切符号由剖切位置线与投射方向线共同组成,均应以粗实线绘制。剖切位置线的长度宜为 6—10 mm;投射方向线应垂直于剖切位置线,长度应短于剖切位置线,宜为 4—6 mm。即长边表示剖切位置,短边表示看的方向。绘制时,剖切符号不应与其他图线相接触,且剖切符号宜注在 ±0.000 标高的平面图上,如图 4 - 1 - 13 所示。

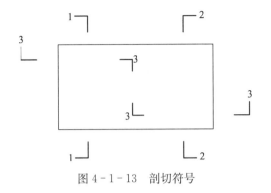

图 4-1-13 剖切符号

f. 风玫瑰与指北针。

风玫瑰图又称为风向频率玫瑰图,它是根据某一地区多年平均统计各个方向吹风次数的平均日数的百分比绘制而成,通常用 16 个罗盘方位来表示。图中风向是指由外吹向坐标中心的方向,实线为全年风向频率,虚线为夏季风向频率,如图 4-1-14 所示。

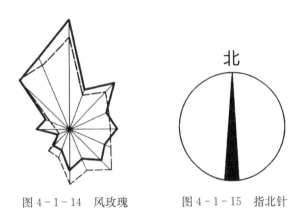

图 4-1-14 风玫瑰   图 4-1-15 指北针

指北针主要用于表示总平面图或平面图的方位。指北针应绘制在建筑物总平面图与 ±0.000 标高的平面图上,应置于明显的位置。指北针直径宜为 24 mm,指针尾部的宽度宜为 3 mm,指针头部应注明"北"或"N",如图 4-1-15 所示。

g. 楼梯、电梯、坡道。

楼梯、电梯和坡道的平面图常用图例如表 4-1-6 所示。

表 4-1-6 平面图常用图例

图例	名称	图例	名称
	底层楼梯		电梯

（续表）

图例	名称	图例	名称
	中间层楼梯		坡道
	顶层楼梯		自动扶梯

（3）常用绘图软件。

目前主流的建筑设计绘图软件有 AutoCAD、Revit 等，主要用于绘制建筑的平、立、剖面图等；常用的建模软件有 Sketch up、3D MAX、Rhino 等，这些软件主要用于创建建筑的三维模型；常用的平面排版软件有 Photoshop、Adobe Illustrator、Coreldraw 等，这些软件主要用于制作建筑方案设计文本等。

2）模型制作

建筑模型是一种直观的建筑方案设计表达方法。建筑模型的制作有助于直观、理性地感受和认识建筑空间与建造方式。

（1）实体模型。

实体模型的制作材料主要有：木头、纸板、泥土、塑料、有机玻璃、玻璃、金属等，如图4-1-16所示。

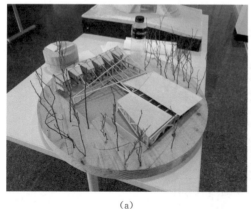
（a）

（b）

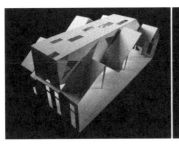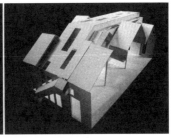

(c)

(d)

图 4-1-16　实体模型

(a) 木头制作的建筑模型；(b) 泡沫塑料制作的建筑模型；
(c) 纸板制作的建筑模型；(d) 某住宅建筑方案设计模型

（2）计算机虚拟模型。

计算机虚拟模型具有能模拟复杂建筑形体、场景真实、便于修改、成本低廉等特点。
图 4-1-17～图 4-1-22 为建筑方案设计的计算机渲染彩色效果图。

图 4-1-17　某办公楼方案效果图

图 4-1-18　某生态住宅方案效果图

图 4-1-19　某购物中心外观效果图

图 4-1-20　某购物中心室内中庭效果图

图 4-1-21　某城市设计效果图

图 4-1-22　某五星级酒店效果图

（3）3D打印机。

近年来国内外出现了3D打印机，随着其生产成本的日益降低，3D打印机已逐渐成为建筑模型制作的高效的新型手段。3D打印机的原理是用塑料、陶瓷、金属等为原料，根据输入的关于建筑的形体与空间的信息，由电脑程序控制的喷嘴将溶解后的原料水平层叠喷涂而形成三维形体（见图4-1-23）。

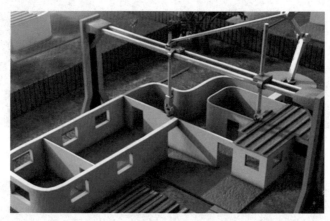

图4-1-23 用3D打印机制作的建筑模型

3）综合表达

当代科技的进步为建筑方案设计的表达方式提供了越来越多的可能性与选择性。除了传统的绘制图纸和制作实体模型之外，还有文本制作、三维动画、视频等新的方式与手段对建筑设计方案进行视觉、听觉等多方位的诠释。

（1）表达内容。

建筑方案设计的综合表达内容主要包括：设计说明、技术经济指标、设计理念分析图、总平面图、各层平面图、主要立面图、主要剖面图、彩色效果图等。

（2）表达方式。

建筑方案设计的综合表达方式主要包括：手绘草图、计算机辅助（制图、建模、渲染、动画、视频等）、模型制作等。

（3）版面布局。

建筑方案设计常用的图幅有 A0、A1、A2、A3、A4 等几种规格（见表4-1-7）。

表4-1-7 图幅尺寸

图幅代号	A0	A1	A2	A3	A4
尺寸/mm	841×1 189	594×841	420×594	297×420	210×297

建筑方案设计图纸排版布局除了应逻辑清晰地表达设计内容之外，还应满足美学的要求，构图应均衡有序，重点突出，色调统一协调，整体感强，尤其避免拥塞和压抑感。图4-1-24所示为建筑方案设计图纸（课程设计作业）。

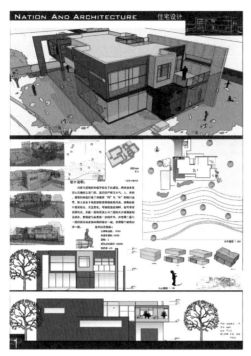
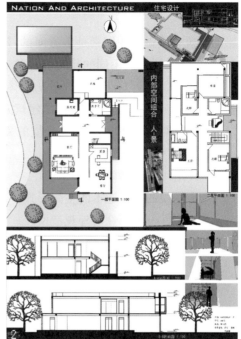

（a）

（b）

图 4 - 1 - 24　建筑方案设计图纸

（a）小住宅建筑方案设计；（b）艺术家工作室建筑方案设计

4.1.5 建筑方案设计的评价

影响建筑方案设计的因素是多方面的,建筑方案设计的成果不能简单以正或误来进行评价。同一个设计任务,不同的建筑师往往有着不同的解答方式;同一个设计方案,不同的人也往往有着不同的评价。由于评价的主体与标准的不同,对建筑方案设计的评价通常也只能是相对的。一般而言,一个优秀的建筑方案设计应该具有以下几方面的特点:

(1) 充分应对基地环境条件,与环境的关系友好。

(2) 功能分区高效合理。

(3) 流线组织便捷高效、互不干扰。

(4) 令人愉悦的合乎逻辑的空间形式。

(5) 富有个性与识别性的外观造型。

(6) 技术与经济的合理可行。

4.2 设计实例分析——公园咖啡吧设计

本节以公园咖啡吧为例,探讨建筑方案设计的内容、过程及方法。咖啡吧是小型的公共建筑,建筑规模比较小,功能也比较简单,它已成为现代人日常生活中重要的休闲与社交场所,人们不仅可以在此休憩身心,还可以交流会友。城市中的咖啡吧或是一栋单独的建筑物,或是位于一些建筑综合体之中;公园风景优美、空气清新,位于公园中的咖啡吧为游人们提供了一处舒适的休憩、社交与观景的场所。

4.2.1 功能构成

1)"前台"与"后台"

咖啡吧作为餐饮建筑的一种,功能较为简单。针对其空间使用对象的不同,可将其功能分为"前台"与"后台"两个部分。咖啡吧的"前台"部分是指直接面向顾客并为其提供服务的用房,例如门厅、休息厅、营业厅、外卖、卫生间等。"后台"部分则是指内部工作人员使用的用房,主要包括食品加工间、办公管理、库房等辅助用房(见图4-2-1)。

2)交通联系

建筑的交通联系主要包括水平交通、垂直交通及交通枢纽。公园咖啡吧作为小型公共建筑,其水平交通主要指建筑内部的走道,垂直交通包括楼梯、台阶、坡道等,交通枢纽则是指门厅和过厅等集散空间。

(1) 走道。

走道是公共建筑中主要的水平交通联系。走道的形式主要有单侧走道和中间走道两种。作为主要交通通道的走道,按两股人流计算,每股人流为0.55+(0~0.15)m,单侧走道的净宽不宜小于1.2m,双侧走道的净宽不宜小于1.5m,疏散走道的净宽不应小于1.1m(见图4-2-2)。

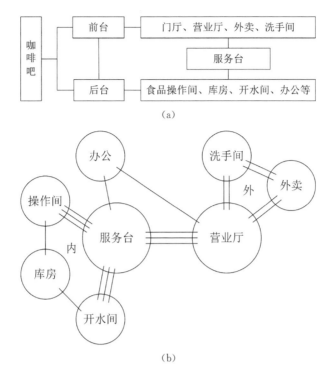

图 4 - 2 - 1 咖啡吧功能关系图

（a）功能组成；（b）功能关系

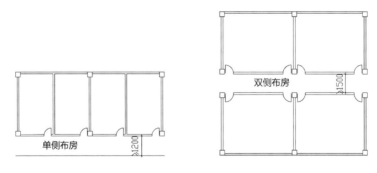

图 4 - 2 - 2 走道宽度

（2）楼梯、台阶、坡道、栏杆。

a. 楼梯。

楼梯是建筑内部空间中重要的垂直交通。楼梯的形式主要有单跑楼梯、双跑楼梯、三跑楼梯、转角楼梯、弧形楼梯及螺旋楼梯等多种。建筑方案设计中楼梯形式的选择主要依据建筑空间的使用性质、重要程度以及空间效果来决定（见图 3 - 3 - 13）。

《民用建筑设计统一标准》（GB 50352—2019）第 6.8 条规定：

● 楼梯的数量、位置、梯段净宽和楼梯间形式应满足使用方便和安全疏散的要求；

● 当一侧有扶手时，梯段净宽应为墙体装饰面至扶手中心线的水平距离，当双侧有扶手时，梯段净宽应为两侧扶手中心线之间的水平距离。当有凸出物时，梯段净宽应从凸出物表面算起；

● 梯段净宽除应符合现行国家标准《建筑设计防火规范》GB 50016 及国家现行相关专用建筑设计标准的规定外,供日常主要交通用的楼梯的梯段净宽应根据建筑物使用特征,按每股人流宽度为 0.55 m＋(0～0.15) m 的人流股数确定,并不应少于两股人流。(0～0.15) m 为人流在行进中人体的摆幅,公共建筑人流众多的场所应取上限值;

● 当梯段改变方向时,扶手转向端处的平台最小宽度不应小于梯段净宽,并不得小于 1.2 m。当有搬运大型物件需要时,应适量加宽。直跑楼梯的中间平台宽度不应小于 0.9 m;

● 每个梯段的踏步级数不应少于 3 级,且不应超过 18 级;

● 楼梯平台上部及下部过道处的净高不应小于 2.0 m,梯段净高不应小于 2.2 m;

● 楼梯应至少于一侧设扶手,梯段净宽达三股人流时应两侧设扶手,达四股人流时宜加设中间扶手;

● 室内楼梯扶手高度自踏步前缘线量起不宜小于 0.9 m。楼梯水平栏杆或栏板长度大于 0.5 m 时,其高度不应小于 1.05 m;

● 托儿所、幼儿园、中小学校及其他少年儿童专用活动场所,当楼梯井净宽大于 0.2 m 时,必须采取防止少年儿童坠落的措施;

● 对于一般公共建筑,楼梯踏步的最小宽度为 0.260 m,楼梯踏步的最大高度为 0.175 m (注:螺旋楼梯和扇形踏步离内侧扶手中心 0.250 m 处的踏步宽度不应小于 0.220 m);

● 梯段内每个踏步高度、宽度应一致,相邻梯段的踏步高度、宽度宜一致;

● 踏步应采取防滑措施。

b. 台阶。

《民用建筑设计统一标准》(GB 50352—2019)第 6.7.1 条规定:

● 公共建筑室内外台阶踏步宽度不宜小于 0.3 m,踏步高度不宜大于 0.15 m,且不宜小于 0.1 m;

● 踏步应采取防滑措施;

● 室内台阶踏步数不宜少于 2 级,当高差不足 2 级时,宜按坡道设置;

● 台阶总高度超过 0.7 m 时,应在临空面采取防护设施。

c. 坡道。

《民用建筑设计统一标准》(GB 50352—2019)第 6.7.2 条规定:

● 室内坡道坡度不宜大于 1∶8,室外坡道坡度不宜大于 1∶10;

● 当室内坡道水平投影长度超过 15.0 m 时,宜设休息平台,平台宽度应根据使用功能或设备尺寸所需缓冲空间而定;

● 坡道应采取防滑措施;

● 当坡道总高度超过 0.7 m 时,应在临空面采取防护设施;

● 供轮椅使用的坡道应符合国家标准《无障碍设计规范》GB 50763。

d. 栏杆。

《民用建筑设计统一标准》(GB 50352—2019)第 6.7.3 条、第 6.7.4 条规定:

● 阳台、外廊、室内回廊、内天井、上人屋面及室外楼梯等临空处应设置防护栏杆;

● 当临空高度在 24.0 m 以下时,栏杆高度不应低于 1.05 m;当临空高度在 24.0 m 及以

上时,栏杆高度不应低于1.1m。上人屋面和交通、商业、旅馆、医院、学校等建筑临开敞中庭的栏杆高度不应小于1.2m;

● 栏杆高度应从所在楼地面或屋面至栏杆扶手顶面垂直高度计算,当底面有宽度大于或等于0.22m,且高度低于或等于0.45m的可踏部位时,应从可踏部位顶面起算;

● 公共场所栏杆离地面0.1m高度范围内不宜留空;

● 住宅、托儿所、幼儿园、中小学及其他少年儿童专用活动场所的栏杆必须采取防止攀爬的构造。当采用垂直杆件做栏杆时,其杆件净间距不应大于0.11m。

（3）门厅。

门厅是建筑物主要出入口处作为室内外过渡的空间,也是建筑内部的交通枢纽。门厅在平面布局中的位置应明显而突出,通常应面向主要道路,便于人流出入。门厅布局应做到导向明确,流线简捷通畅,防止人流交叉拥堵。对于咖啡吧的门厅,应适当配置休息、等候等其他功能要求的面积。门厅应具有良好的天然采光,适宜的空间比例关系,并应注意防雨、防风和防寒等要求。门厅对外出入口处通常应设置雨棚。出于安全疏散的要求,门厅对外出入口的宽度不应小于通向该门厅的走道、楼梯通行宽度的总和。

（4）入口。

公共建筑的入口,其位置应鲜明突出,与道路形成良好的关系,在视觉上应对建筑物入口进行艺术处理,从色彩、材质、尺度等方面突出建筑物入口的标示性。建筑物入口处宜设置雨棚和门廊,采暖地区或有空调的建筑应设双道门或加空气幕,标准较高的也可设置自动门。当建筑物室内外有高差时,在入口处设置台阶的同时,还需要设置残疾人坡道,如图4-2-3所示。

（a）

（b）

（c）

（d）

(e)   (f)

图 4 - 2 - 3   咖啡吧的入口

4.2.2   流线特征

顾客流线和服务流线是咖啡吧建筑空间内的两条主要流线,如图 4 - 2 - 4 所示。就顾客流线而言,可根据顾客的就餐、休憩、外卖等行为方式划分为就餐流线与外卖流线;就服务流线而言,主要包括了食品加工流线和食品运输流线,如图 4 - 2 - 5 所示。各功能用房的组合以营业厅为核心,根据空间的使用流程安排,顾客就餐流线与食品加工流线及运输流线应严格分离。"前台"部分和"后台"部分应各自有单独的对外出入口,"后台"的出入口宜隐蔽。

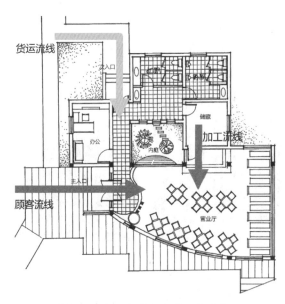

图 4 - 2 - 4   咖啡吧内的三条流线

4.2.3   空间尺度

1) 人体尺度

人体尺度、就餐行为的特点是影响咖啡吧建筑空间尺度的重要因素,例如咖啡吧中人们就餐、服务、通行等行为与活动的特点是确定咖啡吧空间尺度的依据。图 4 - 2 - 6 是与咖啡吧设计相关的基本人体尺度。

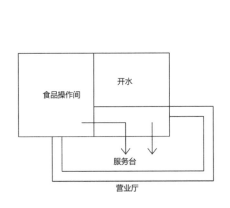

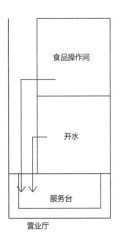

图 4 - 2 - 5　服务流线

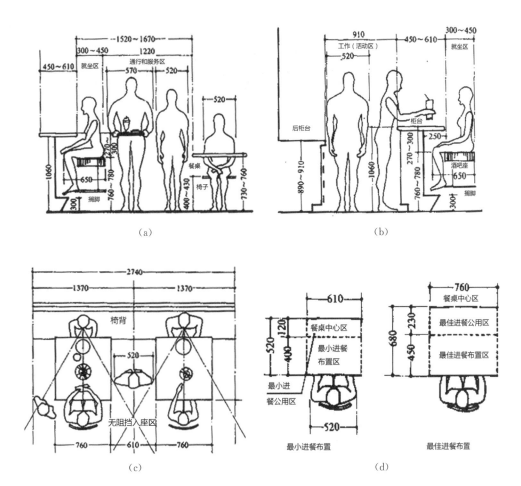

图 4 - 2 - 6　人体尺度

(a) 柜台、餐桌间距；(b) 柜台席及柜台内的间距；
(c) 就餐时互不干扰的推荐间距；(d) 最小与最佳就餐尺度

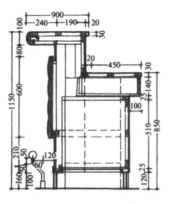

图 4-2-7 吧台尺度

2）家具尺度

咖啡吧室内空间中的家具，例如营业厅中的咖啡桌、沙发、座椅、点心柜、吧台、吧凳等，其尺度及布局方式也是影响咖啡吧空间尺度的重要因素。图 4-2-7 为常用的吧台尺度，图 4-2-8 为咖啡吧吧台实景。

（1）座位形式。

图 4-2-9 为咖啡吧常用的座位形式与尺度。不同类型的座椅适用于不同的服务对象。例如两人座（火车座）适用于亲密朋友或恋人；四人座（火车座、方桌或圆桌）则适用于朋友或家人聚会。

图 4-2-8 吧台实景

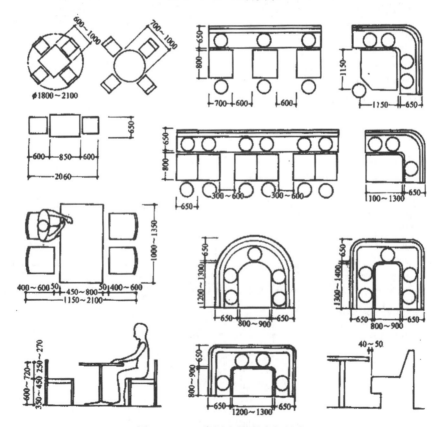

图 4-2-9 常用座椅形式与尺度

（2）间距要求。

对于桌间距离与厅内道路宽度，《饮食建筑设计标准》（JGJ 64—2017）制定所采用的参数为：

● 正面布置：桌边至桌边，仅就餐者通行时 1.45 m；桌边至桌边，有服务员通行时 1.80 m；桌边至桌边，有小车通行时 2.10 m；桌边至墙边，仅就餐者通行时 0.90 m；桌边至墙边，有服务员通行时 1.35 m。

● 斜向布置：桌角至桌角，仅就餐者通行时 0.90 m；桌角至桌角，有服务员通行时 1.30 m；桌角至桌角，有小车通行时 1.50 m；桌角至墙边，仅就餐者通行时 0.70 m；桌角至墙边，有服务员通行时 1.10 m。

● 厢座外缘至斜向布置的桌角，仅就餐者通行时 0.90 m；厢座外缘至斜向布置的桌角，有服务员通行时 1.30 m；厢座外缘至斜向布置的桌角，有小车通行时 1.50 m。

3）营业厅形状

咖啡吧营业厅的形状直接影响着室内家具的布置形式，营业厅的形状可以分为四种，即：长方形、正方形、圆形或弧形、与基地契合的自由形，如图 4-2-10 所示。

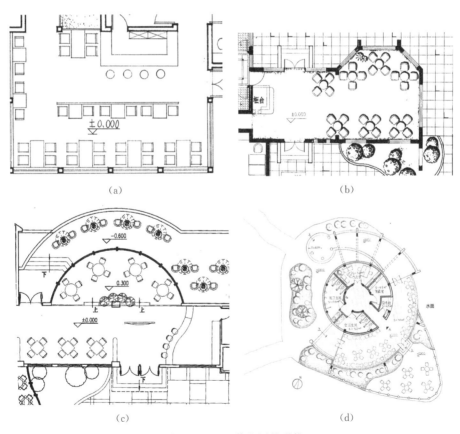

（a）

（b）

（c）

（d）

图 4-2-10　营业厅的形状

（a）长方形；（b）正方形；（c）圆形或弧形；（d）与基地契合的自由形

4）房间面积

《饮食建筑设计标准》（JGJ 64—2017）第 4.1.2 条规定（见表 4-2-1）：

表 4-2-1　用餐区域每座最小使用面积(m²)

分类	餐馆	快餐店	饮品店	食堂
指标	1.3	1.0	1.5	1.0

5)房间净高

《饮食建筑设计标准》(JGJ 64—2017)第 4.2.1 条、第 4.3.5 条对于饮食建筑的室内净高做了相应规定:

用餐区域的室内净高不宜低于 2.6 m,设集中空调时,室内净高不应低于 2.4 m;设置夹层的用餐区域,室内净高最低处不应低于 2.4 m;厨房区域各类加工制作场所的室内净高不宜低于 2.5 m。

6)卫生间指标

《民用建筑设计统一标准》(GB 50352—2019)第 6.6.1 条规定:

● 厕所、卫生间、盥洗室和浴室应根据功能合理布置,位置选择应方便使用、相对隐蔽,并应避免所产生的气味、潮气、噪声等影响或干扰其他房间。

● 在食品加工与贮存、医药及其原材料生产与贮存、生活供水、电气、档案、文物等有严格卫生、安全要求房间的直接上层,不应布置厕所、卫生间、盥洗室、浴室等有水房间;在餐厅、医疗用房等有较高卫生要求用房的直接上层,应避免布置厕所、卫生间、盥洗室、浴室等有水房间,否则应采取同层排水和严格的防水措施。

《民用建筑设计统一标准》(GB 50352—2019)第 6.6.2 条规定:

● 厕所、卫生间、盥洗室和浴室的平面设计应合理布置卫生洁具及其使用空间,管道布置应相对集中、隐蔽。有无障碍要求的卫生间应满足国家现行有关无障碍设计标准的规定。

● 公共厕所、公共浴室应防止视线干扰,宜分设前室。

● 公共厕所宜设置独立的清洁间。

公共活动场所宜设置独立的无性别厕所,且同时设置成人和儿童使用的卫生洁具。无性别厕所可兼做无障碍厕所。

《民用建筑设计统一标准》(GB 50352—2019)第 6.6.4 条对厕所隔间的平面尺寸做了规定(见表 4-2-2)。

表 4-2-2　厕所隔间的平面尺寸

类别	平面尺寸(宽度 m×深度 m)
外开门的厕所隔间	0.9×1.2(蹲便器) 0.9×1.3(坐便器)
内开门的厕所隔间	0.9×1.4(蹲便器) 0.9×1.5(坐便器)
无障碍厕所隔间(外开门)	1.5×2.0(不应小于 1.0×1.8)

《民用建筑设计统一标准》(GB 50352—2019)第 6.6.5 条规定：

● 洗手盆或盥洗槽水嘴中心与侧墙面净距不应小于 0.55 m；

● 并列洗手盆或盥洗槽水嘴中心间距不应小于 0.7 m；

● 单侧并列洗手盆或盥洗槽外沿至对面墙的净距不应小于 1.25 m；

● 双侧并列洗手盆或盥洗槽外沿之间的净距不应小于 1.8 m；

● 并列小便器的中心距离不应小于 0.7 m，小便器之间宜加隔板，小便器中心距侧墙或隔板的距离不应小于 0.35 m，小便器上方宜设置搁物台；

● 单侧厕所隔间至对面洗手盆或盥洗槽的距离，当采用内开门时，不应小于 1.3 m；当采用外开门时，不应小于 1.5 m；

● 单侧厕所隔间至对面墙面的净距，当采用内开门时不应小于 1.1 m，当采用外开门时不应小于 1.3 m；双侧厕所隔间之间的净距，当采用内开门时不应小于 1.1 m，当采用外开门时不应小于 1.3 m；

● 单侧厕所隔间至对面小便器或小便槽的外沿的净距，当采用内开门时不应小于 1.1 m，当采用外开门时不应小于 1.3 m；小便器或小便槽双侧布置时，外沿之间的净距不应小于 1.3 m（小便器的进深最小尺寸为 350 mm）。

《饮食建筑设计标准》(JGJ 64—2017)第 4.2.5 条规定：

● 公共卫生间宜设置前室，卫生间的门不宜直接开向用餐区域，卫生洁具应采用水冲式；

● 卫生间宜利用天然采光和自然通风，并应设置机械排风设施；

● 未单独设置卫生间的用餐区域应设置洗手设施，并宜设儿童用洗手设施；

● 卫生设施数量的确定应符合现行行业标准《城市公共厕所设计标准》CJJ14 对餐饮类功能区域公共卫生间设施数量的规定及现行国家标准《无障碍设计规范》GB 50763 的相关规定；

● 有条件的卫生间宜提供为婴儿更换尿布的设施。

常用坐便器、洗手盆的基本尺寸如图 4-2-11 所示。

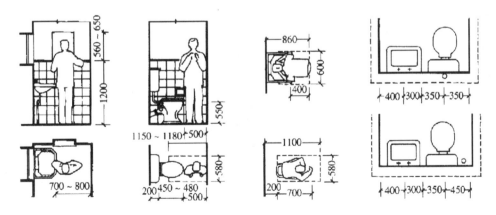

图 4-2-11 常用坐便器、洗手盆的基本尺寸

7）采光与通风

《饮食建筑设计标准》(JGJ 64—2017)规定：

● 用餐区域采光、通风应良好。天然采光时，侧面采光窗洞口面积不宜小于该厅地面面积的 1/6。直接自然通风时，通风开口面积不应小于该厅地面面积的 1/16。无自然通风的餐厅应设机械通风排气设施；

● 厨房区域加工间天然采光时，其侧面采光窗洞口面积不宜小于地面面积的 1/6；自然通风时，通风开口面积不应小于地面面积的 1/10。

4.2.4 建筑造型

对建筑师而言，公园咖啡吧作为功能较简单的小型公共建筑，由于其建筑功能的限制条件比较少，建筑的内部空间与外观造型设计均有较大的发挥与创新的空间，从建筑的形态、空间、材料、风格、样式等方面都可以进行富有创意的探索。但应注意由于建筑具有科学与艺术的双重属性，建筑的外观造型应尊重和体现其使用功能，同时也应表达出建筑内部空间的逻辑关系。

1）几何感强的造型

设计师运用线、面、体的组合，塑造具有强烈几何感的建筑形体与层次丰富的空间，十分强调建筑形体比例关系与空间尺度，也重视运用材质与色彩的对比以加强空间效果（见图 4-2-12）。

 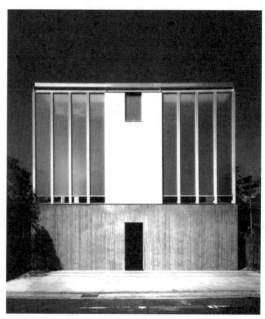

(a)　　　　　　　　　　　(b)

（c）

图 4 - 2 - 12 强烈几何感的造型

（a）虚实结合的立方体；（b）正方形立面上黄金比例的材质划分；（c）伦敦街头陆地中的咖啡吧

2）建筑与环境亲和

将新建建筑融入自然环境之中,最大限度地利用自然景观资源,并保护自然生态环境与当地的历史文化与独特风貌。例如由标准营造设计的西藏雅鲁藏布江林芝码头茶馆,运用当地石材,因借地势,表达出设计者对自然环境的尊重(见图 4 - 2 - 13)。

（a）

(b)

图4-2-13　建筑与环境亲和

（a）雅鲁藏布江林芝码头茶馆——因借地势；（b）雅鲁藏布江林芝码头茶馆——采用当地天然石材砌筑

3）独特材料的运用

　　设计师通过对独特建筑材料的运用实现塑造新颖建筑形象的目的。例如由王澍设计的位于浙江金华的咖啡吧——瓷屋，采用了碎瓷片与青砖砌筑建筑，建筑形态上又借鉴了中国传统的滨水建筑"榭"的韵味，创造了令人印象深刻的建筑形象（见图4-2-14）。图4-2-15～图4-2-17为其他一些运用独特材料的范例。

图4-2-14　青砖与碎瓷片砌筑的外墙——瓷屋

图 4 - 2 - 15　深紫色泛着金属光泽的屋顶赋予建筑个性——法国某咖啡馆

图 4 - 2 - 16　天然石材砌筑的外墙(美国大提顿国家公园中的咖啡吧)

图 4 - 2 - 17　映出优美景色的镜面玻璃

4) 丰富的空间层次

相比建筑形体的塑造而言,设计师更多是将重点放在营造丰富的空间层次上,旨在为空间的使用者提供丰富多样的空间体验。例如 2013 年建成的位于上海徐汇区的华鑫办公中心茶室,其外观、表皮都非常具有个性,但令人印象更为深刻的是其层次丰富的空间。底层架空,六棵与建筑共生的香樟树,使得内部空间、外部空间、灰空间、自然环境彼此交融在了一起,如图 4 - 2 - 18 所示。

(a)

（b）　　　　　　　　　　　　　　　　（c）

图 4 - 2 - 18　上海华鑫办公中心茶室

（a）外观；（b）树木与建筑共生；（c）总平面

4.2.5　内部空间

咖啡吧的室内空间应具有宜人亲切的空间尺度，保证相关活动的进行，为人们提供休闲活动的场所，还应重点关注人们的审美需求、行为特点以及心理特征等。设计师通常通过材质、色彩、比例、高差等手法创造出独特的内部空间效果，图 4 - 2 - 19 ～图 4 - 2 - 22 为咖啡吧内部空间的不同风格。

图 4 - 2 - 19　室内装饰采用古朴的风格

图 4-2-20　将室外美景引入内部空间

图 4-2-21　用地面高差划分出空间区域

任务2　场地分析与整体布局

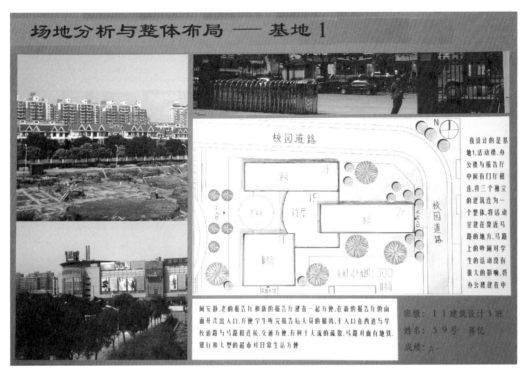

朝向日照：该活动中心为南北朝向，由于活动楼得有较好的光照，所以活动楼建在办公楼的西南方，具有较好的光照，适合学生在室内活动。

地形绿化：活动中心西南方有一小山坡，可种植树木，在活动中心周围可种植一些花草，有助于人的身心健康。

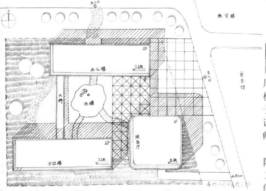

班级　10建筑设计一班
姓名　钟群

交通：该活动中心北方、东方均为校园主干道。北方的主干道直通学校东门，住校生可直接通过此道进入活动中心。东方的上干道直通南门与北门，老师、走读生可从这两道门直接进入活动中心。其东南方有一停车场，可减少主干道的车流量。

周边环境：该活动中心由活动楼、办公楼、报告厅组成，位于教学楼西南侧，北面紧挨实训楼，东面为图书馆。为老师、学生带来方便。

限制条件：该活动中心西南方有一加油站，为地下油罐的安全，该活动中心应建在离地下油罐25m外。

学生作业2　场地分析与整体布局

143

任务3 "我的家"——单一空间设计

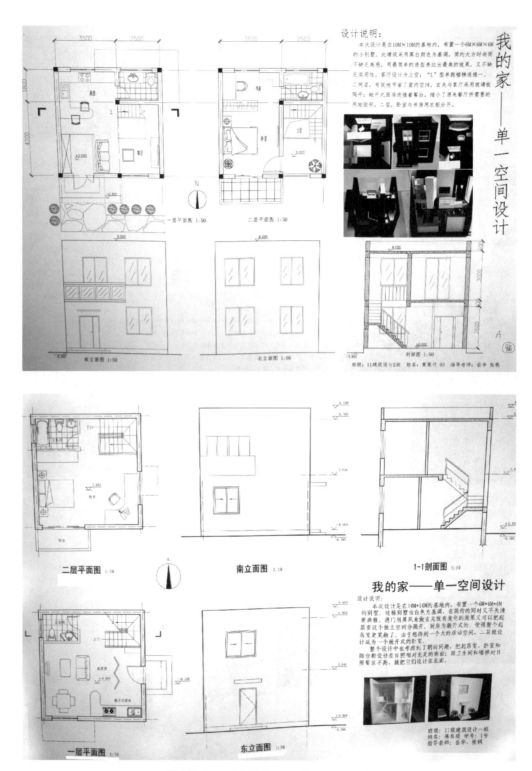

学生作业3 "我的家"——单一空间设计

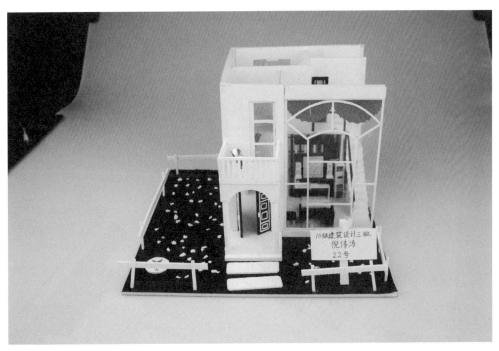

模型(1)

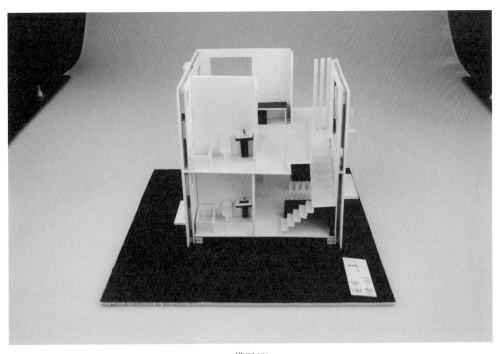

模型(2)

学生作业 3 "我的家"——单一空间设计

模型（3）

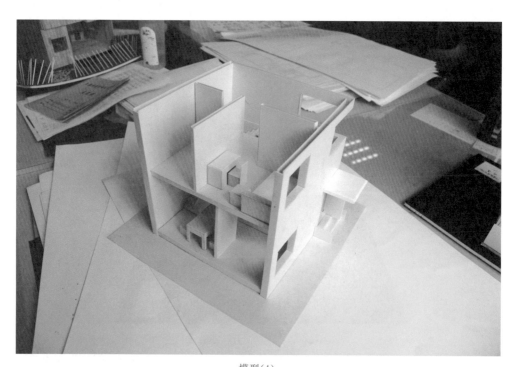

模型（4）

学生作业3 "我的家"——单一空间设计

任务 4　公园咖啡吧设计

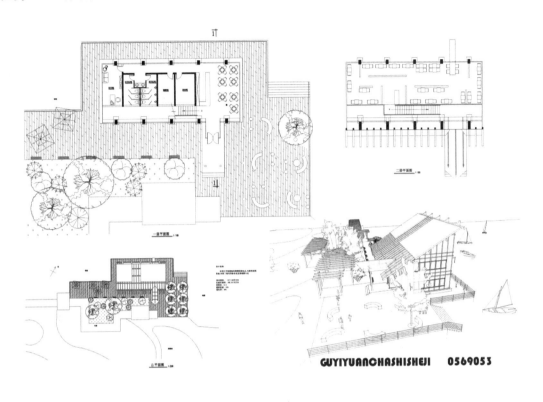

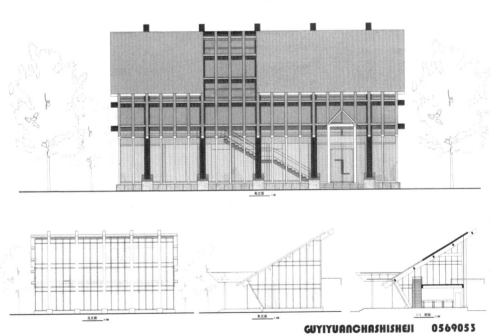

学生作业 4　公园咖啡吧设计

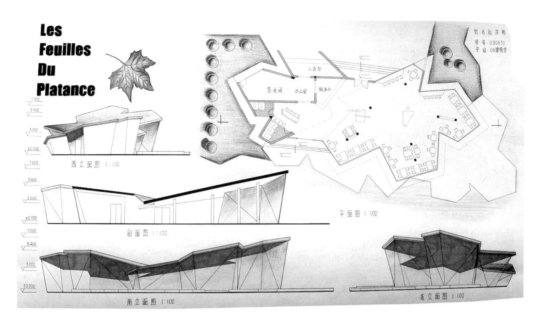

学生作业 4　公园咖啡吧设计

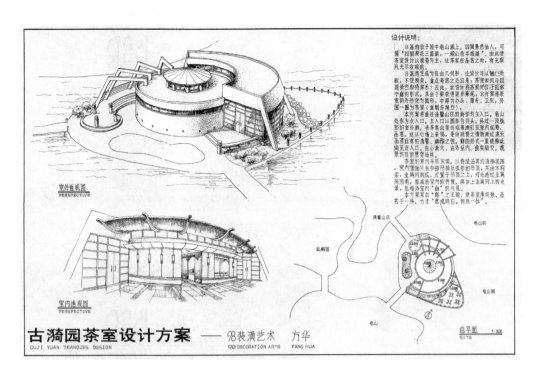

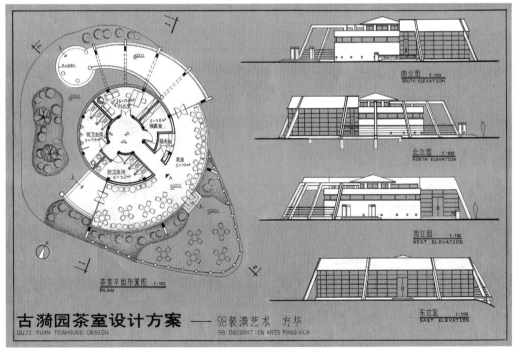

学生作业4　公园咖啡吧设计

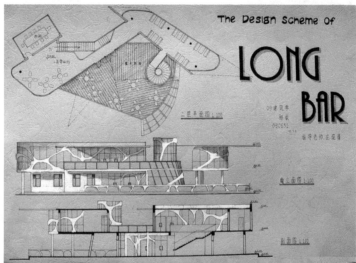

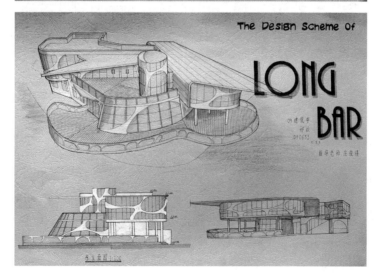

学生作业 4　公园咖啡吧设计

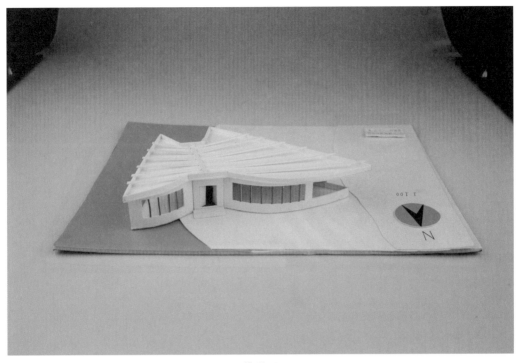

模型（1）

模型（2）

学生作业 4 公园咖啡吧设计

模型（3）

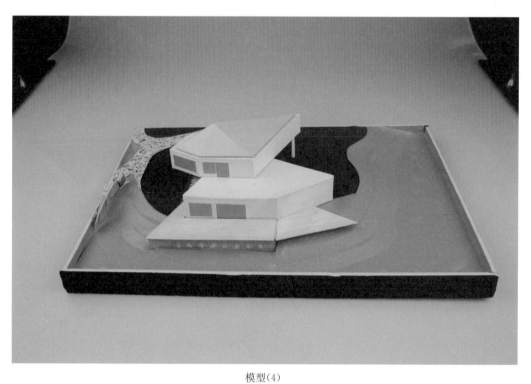

模型（4）

学生作业 4　公园咖啡吧设计

参 考 文 献

中文文献

［1］（美）程大锦. 建筑:形式、空间和秩序[M]. 刘丛红等,译. 天津:天津大学出版社,2005.

［2］（日）渊上正幸. 世界建筑师的思想和作品[M]. 覃力等,译. 北京:中国建筑工业出版社,2000.

［3］（荷兰）赫曼·赫茨伯格. 建筑学教程:设计原理[M]. 仲德崑,译. 天津:天津大学出版社,2003.

［4］（荷兰）赫曼·赫茨伯格. 建筑学教程2:空间与建筑师[M]. 刘大馨,古红缨,译. 天津:天津大学出版社,2003.

［5］（英）洛兰·法雷利. 建筑设计基础教程[M]. 姜珉,肖彦,译. 大连:大连理工大学出版社,2009.

［6］（日）芦原义信. 外部空间设计[M]. 尹培桐,译. 北京:中国建筑工业出版社,1985.

［7］（德）J·约狄克. 建筑设计方法论[M]. 冯纪忠,杨公侠,译. 武汉:华中工学院出版社,1983.

［8］（古罗马）维特鲁威. 建筑十书[M]. 高履泰,译. 北京:知识产权出版社,2001.

［9］（丹麦）扬·盖尔. 交往与空间[M]. 何人可,译. 北京:中国建筑工业出版社,2002.

［10］彭一刚. 建筑空间组合论(第三版)[M]. 北京:中国建工出版社,2008.

［11］张文忠. 公共建筑设计原理(第4版)[M]. 北京:中国建筑工业出版社,2008.

［12］《建筑设计资料集》编委会. 建筑设计资料集(第2版)[M]. 北京:中国建筑工业出版社,1999.

［13］郑东军,黄华. 建筑设计与流派[M]. 天津:天津大学出版社,2002.

［14］周立军. 建筑设计基础[M]. 哈尔滨:哈尔滨工业大学出版社,2008.

［15］褚冬竹. 开始设计[M]. 北京:机械工业出版社,2007.

［16］姚美康. 建筑设计基础[M]. 北京:清华大学出版社,北京交通大学出版社,2007.

［17］傅祎. 建筑的开始:小型建筑设计课程[M]. 北京:中国建筑工业出版社,2005.

［18］沈福煦. 建筑设计手法[M]. 上海:同济大学出版社,1999.

［19］沈福煦. 建筑方案设计[M]. 上海:同济大学出版社,1999.

［20］朱德本,朱琦. 建筑初步新教程[M]. 上海:同济大学出版社,2006.

［21］包海滨,董珂,马怡红. 建筑设计基础教程[M]. 上海:上海人民美术出版社,2008.

［22］顾大庆,柏庭卫. 建筑设计入门[M]. 北京:中国建筑工业出版社,2010.

［24］黎志涛.建筑设计方法［M］.北京：中国建筑工业出版社，2010.

［23］北京市注册建筑师管理委员会.设计前期·场地与建筑设计，2009 年一级注册建筑师考试辅导教材（第一分册）［M］.北京：中国建筑工业出版社，2009.

英文文献

［1］Lorraine Farrelly. The Fundamentals of Architecture（second edition）［M］. AVA Publishing SA，2012.

［2］Yoshinobu Ashihara. Exterior Design in Architecture（revised edition）［M］. Van Nostrand Reinhold Company，1981.

［3］Edward T White. Concept Sourcebook：A vocabulary of architectural forms［M］. architectural media ltd. Tucson，Arizona. 1972.

相关规范

［1］民用建筑设计通则（GB 50352—2005）.

［2］建筑制图标准（GB/T 50104—2010）.

［3］房屋建筑制图统一标准（GB/T 50001—2010）.

［4］住宅设计规范（GB 50096—1999，2003 年版）.

［5］饮食建筑设计规范（JGJ 64—89）.

后　　记

　　《建筑设计入门》是上海济光职业技术学院人居环境与建筑设计学院专门为建筑设计类专业创建的特色课程,本书的编写工作亦是该课程建设的重要组成部分。《建筑设计入门》课程从2009年开设以来,已经历10余年的教学研究与实践,积累了丰富的成果与经验,先后被评为上海市高校2012年度市级精品课程以及2023年度上海市级一流核心课程,获得专家的好评。

　　本书作为《建筑设计入门》课程的配套教材,其编写工作紧密结合课程研究与教学实践,以建筑方案设计过程为逻辑主线,采用模块进阶式的教学化处理,注重内容框架的逻辑性、系统性与原创性。本书得以顺利出版,是课程团队共同努力的结果!在此感谢我国著名建筑师——上海华建集团资深总建筑师邢同和教授百忙之中对本书编写工作的宝贵建议;感谢同济大学马怡红副教授对课程框架给予的指导性意见;感谢上海大学邓靖老师大量学术资源的无私分享;感谢我的学生——建筑师柯坦为本书绘制了大量插图;感谢上海交通大学出版社的王华祖老师诸多宝贵的意见与建议。

　　鉴于编者水平所限,书中错漏难免,恳请同行、专家批评指正!

岳　华

2023年4月15日